改訂版

彗星の科学
知る・撮る・探る

鈴木文二・秋澤宏樹・菅原 賢 著

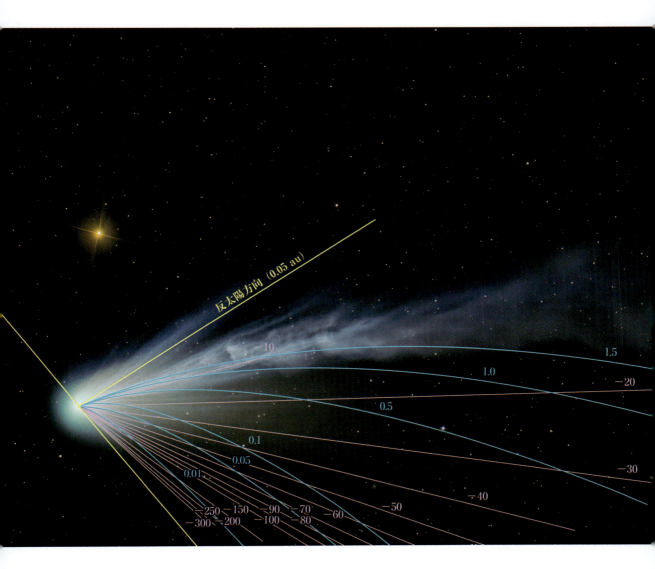

恒星社厚生閣

本書の執筆にあたって，画像や図版，グラフやデータを引用させていただいた
全ての皆様に，この場をお借りして感謝する．
皆様の先進的な取り組みがなければ本書は成り立たなかった．

COMET A LA CARTE
彗星ア・ラ・カルト

「彗星のごとく現れる」という表現があるように，夜空に突然出現しては時の人々を驚かせてきた数多くの彗星たち．中でも非常に明るくなったり素晴らしい尾が現れたりした彗星，あるいは時代の不安感と結び付いて恐怖や畏怖の対象となった彗星，人々の記憶に残り歴史の記録に刻まれた彗星を，特に「大彗星（Great Comets）」とよぶ．

大彗星という言葉に確実な定義があるわけではない．明るさ，尾の長さ，出現回数，接近距離，研究史への寄与など，さまざまな観点があることは承知のうえで，比較的最近の彗星の中から大彗星を集めてみた．
皆さんの記憶に残るのはどの彗星だろうか．

ハレー彗星　< 彗星の研究史はハレー彗星から始まった
[1P/Halley]

フランス・ノルマンディ地方の11世紀のタペストリー（Bayeux Tapestry）に描かれた1066年3月のハレー彗星（右上）

ヨーロッパ宇宙機関（ESA）の探査機「Giotto（ジオット）」が撮影したハレー彗星の核の姿

18世紀初頭にイギリスの天文学者エドモンド・ハレー（Edmond Halley, 1656–1742）が明らかにしたその約76年周期の出現は，人間の寿命に近く，人の一生になぞらえられてきた．ハレー自身1705年出版の『彗星天文学概論（Synopsis Astronomia Cometicae）』で，軌道の比較から，1531年，1607年，1682年の彗星が同一の天体であると結論し，次は1758年に回帰するとの予言を成し遂げながら，それを見ることなく亡くなった．
有史以来，繰り返し記録されたその姿は，歴史上の芸術や文芸作品にも数多く登場している．11世紀のタペストリーや14世紀の教会壁画に描かれた姿はよく知られているが，確実に同定された記録でさえ，中国の歴史書『史記』「秦始皇本紀」の紀元前240年の記述（始皇帝7年条の「彗星先ず東方に出で，北方に見ゆ．五月西方に見ゆ」）にまで遡る．
直近の回帰は1986年で，このときは世界的な観測ネットワーク「IHW（International Halley Watch）」が組織され，各国から合計6機の探査機が打ち上げられるという宇宙探査史上に特筆すべき近接観測が行われ，ハレー彗星の核の姿が明らかになっている．

ウェスト彗星 ─ 想像を絶するダストテイル
[C/1975 V1（West）]

　1975年秋，ESO（ヨーロッパ南天天文台）で星図の作成を目的に撮影された写真上に，リチャード・ウェストが発見した．発見時の日心距離は，3auと火星軌道の外側にありながら，光度は約14等で短い尾も見られた．近日点通過直前，北半球の空に現れたときは，光度－1等を超え，日没間もない明るい薄暮の中で姿を見せた．しかし，その驚きも序章でしかなかった．明け方の空に移動したウェスト彗星は，さらなる大変身を遂げていた．長さ30°を超える，クジャクの羽のような巨大なダストテイルを広げていたのだ．「東の空が明るくなり，もう夜明けかと思ったら，それは尾だった」「雲だと思っているうちに，頭部がのぼり全体像が見えたときは，体の震えがとまらなかった」．当時を知る人に今なお鮮烈な記憶を残す．
　これほどの見事な尾を見せた理由のひとつは，核の分裂だ．放出された大量のダストが徐々に広がり，大きなダストテイルになったのだ．さらに注目されたのは，無数に見られる筋状の構造・ストリーエ（日本では，シンクロニックバンドと呼ばれることが多い）だった．

池谷・関彗星 ─ 日本人が発見した「白昼の彗星」
[C/1965 S1（Ikeya-Seki）]

　天文ファンなら一度はあこがれる新彗星の発見．それはかつてアマチュア天文家の独壇場，しかも日本のお家芸ともいえるものだった．その象徴的な存在が，1965年の池谷・関彗星だ．過去の大彗星には，近日点距離が極めて小さく，よく似た軌道を持つクロイツ群と呼ばれるグループがある．池谷・関彗星は，まさにそのひとつだった．太陽との最接近距離は，約45万km．太陽直径の1/3にすぎない至近距離．強烈な太陽の熱に耐えられるだろうか．人々が固唾を呑んで見守るなか，見事に生還を果たし大彗星へと成長を遂げた．最大光度は－10等級を超え観測史上最も明るい彗星の一つとなり，白昼でもその姿を捉えることができた．
　彗星の科学においてエポックメイキングな存在となったこの彗星は，多くのアマチュア天文家にとって，希望の星となった．これだけの大彗星，しかも同じアマチュア天文家の発見．どれだけ多くのコメットハンターが，この日を境に誕生したことだろう．2023年末現在，日本人名をもつ彗星は76個に達している．

ジャコビニ・ツィナー彗星 ＜幻の大流星雨と彗星
[21P/Giacobini-Zinner]

松任谷由実が歌う秋の日は，彼女だけでなく，多くの人にとって特別な一日だった．「ジャコビニ流星群」．無数の流星が空を埋める一夜のはずだったが，それは夢のまま明けることになる．最高の条件とされ，期待の膨らんだ日本では，一層深いため息に包まれた．この彗星は過去に幾度も流星の大出現を見せてきた．1972年も彗星と地球の軌道の関係から期待を集めたが，予測ははずれてしまった．

流星出現には，彗星からのダストの放出，惑星から受ける重力など複雑なプロセスがからみあっている．それらを考慮した，より精度の高い予測法が確立したのは30年後の2001年しし座流星群でのことであった．多くの人を失望させたこの夜のできごとは，一方で多くの希望を生み出した．なぜ，流星雨にならなかったのか，そもそも流星とは何か？

予想通りになっていたら，はかなく，せつないユーミンの名曲も生まれていなかったのかもしれない．

ヘール・ボップ彗星 ＜彗星科学の発展とナトリウムテイルの発見
[C/1995 O1（Hale-Bopp）]

太陽から距離が約7auという遠方で，1995年7月にヘール・ボップ彗星（C/1995 O1）は発見された．この距離ですでに光度は11等で，その軌道は太陽に1auまで近づくことがわかった．過去にあらわれた大彗星でも，この距離ではヘール・ボップ彗星の1/100以下の明るさであったことから，多くの期待が寄せられた．事実，この彗星の絶対等級は－2等と，記録に残っている彗星のなかで2番目だった．可視光線のみならず，X線，紫外線，赤外線，電波という現代的な観測機器が揃って初めて迎える大彗星だった．発見から1997年4月の接近までに十分な準備期間があったことから，万全の体制で望むことができた．ヘール・ボップ彗星は，彗星天文学の大きな進歩を促した．ナトリウムテイルの発見，核から放出されたダストがらせん形の構造をつくっているようす，ストリーエとよばれるダストテイルの発達などが，アマチュアの持つ機器でも捉えることができた．1997年の最接近時には，都内の繁華街でも見つけることができるほど明るくなった．

百武彗星　<　歴代最長のプラズマテイル
[C/1996 B2（Hyakutake）]

　鹿児島県のコメットハンター・百武裕司が1996年2月，新彗星を発見した．わずか1か月前の12月25日に続く2つ目の発見の快挙だった．だが，さらに驚かせたのは，ただちに計算された軌道だった．3月25日に地球に大接近することが判明したのだ．その距離は，0.1 au．予想光度は1等以上．しかも，ほぼ同時期に天の北極のごく近くを通過し一晩中観測可能という好条件と予測された．実際の姿は予測通り素晴らしいもので，天高く輝くコマからすらりと伸びたプラズマテイルは，地平まで伸びていた．百武彗星とヘール・ボップ彗星の両方を見た人の間では，今でもどちらがすごかったか，楽しくも熱い論争が繰り広げられている．
　彗星の科学の歴史においてもさまざまな足跡を残している．最も驚きだったのは，X線放射の発見だろう．X線観測衛星「ROSAT」が，核の太陽側に三日月状に広がるX線源を鮮明にとらえたのである．その後，多くの彗星で同様の現象が観測され，そのメカニズムについて議論が続けられている．また，アセチレン（C_2H_2），エタン（C_2H_6）など，彗星の起源を探るうえで重要な分子の存在が初めて検出された．

シューメーカー・レヴィ　<　人類が初めて観測した目前の彗星衝突
第9彗星 [D/1993 F2（Shoemaker-Levy）]

　1993年3月24日，アメリカの天文学者シューメーカー夫妻とアマチュア天文家のレヴィによって，銀河のような細長い天体が移動しているのが発見された．いくつかの輝く点が認められた奇妙な天体は，21個に分裂した彗星群だった．木星に近づきすぎたため，破壊された大小の彗星の破片は，その後の中野主一の軌道計算で木星に衝突することが明らかになった．天文学の歴史上，初めて体験する巨大衝突が予測されたのである．1993年は，Word Wide Web（WWW）の始まり，そしてWebブラウザMosaicが立ち上がった年であった．ハッブル宇宙望遠鏡をはじめ，世界各国の大望遠鏡が，1994年7月の衝突のため総動員された．衝突痕跡は地球直径以上の巨大なもので，小望遠鏡を使って容易に観察が可能であった．1年ほどにわたって見え続けた痕跡は，木星大気の詳細な情報を解明するために役立つとともに，地球との天体衝突を考える契機ともなった．世界各国の天文台で観測された画像は，インターネットを通じて配信され，天文情報のネットワーク化が一気に前進した．

マクノート彗星　見事なストリーエ，鉄原子の尾
[C/2006 P1（McNaught）]

　ロバート・マクノート（Robert McNaught）は，オーストラリア国立大学のサイディング・スプリング天文台で太陽系小天体の捜索を行っている天文学者だ．2023年末時点でマクノートの名のついた彗星は98個という驚異的な記録の持ち主だ．彼にとって31個目の発見となったマクノート彗星は，2006年8月7日に撮影された画像から見いだされた．その後の軌道計算から，翌年1月12日に迎える近日点距離が0.17 auと非常に小さいことが判明した．彗星は太陽に近づくほど明るくなるが，太陽の強烈な熱で消滅した彗星も数多い．しかし，この彗星はマイナス等級に到達し，白昼に肉眼で認められるほどになった．日本でも多くのアマチュア天文家が撮影に成功した．真昼の青空に銀色に輝く姿は驚くべき光景であった．また，太陽・太陽圏観測衛星（SOHO）の視野には，近日点を悠々と通過する姿がとらえられた．最大光度は－6等．池谷・関彗星に次ぐ明るさを記録した．

　近日点通過後，日本からは観測できない位置になり，南半球からインターネットで送られてきたマクノート彗星の画像．その姿は，戦慄さえ覚えるものであった．幅広いダストテイルに重なる無数の筋・ストリーエが写っていた．

ホームズ彗星　＜ 最大規模のアウトバースト

[17P/Holmes]

　2007年10月24日夜から25日未明，日本各地の天文台やアマチュア天文家たちは興奮に包まれていた．17等級と普段は大型望遠鏡でも見ることの難しい明るさだったホームズ彗星が突如増光を始め，40万倍にも明るくなった結果，2等級の新しい星がペルセウス座の方向に光り始めたように見えたのだ．世界時24.067日と推定されているアウトバーストの発生だ．

　ホームズ彗星の周期は6.88年で，この時には太陽から遠ざかりつつあり，日心距離2.4 auまで離れて，唐突にアウトバーストを起こしたのだが，実はこの彗星には「前科」がある．発見された1892年にも16等級から一気に4等級まで増光を起こしており，115年の時を経て同様の現象が再現したのだ．

　2007年のアウトバースト発生時，当初は恒星状に見えていたホームズ彗星も，バーストで飛び散ったダストが広がるにつれて，やがて「惑星状星雲」のように丸く面積をもった光芒に見え始め，更に大きく広がると丸いクラゲを上から見たような形になって，冬にかけて明るく観測された．最も大きく広がったときのダストクラウド（塵雲）の大きさは，太陽の直径も超えて，一時的とはいえ太陽系最大の天体となった．

ラヴジョイ彗星　＜ 国際宇宙ステーションから撮影された

[C/2011 W3（Lovejoy）]

　ラヴジョイ彗星は近日点距離が0.0055538au（約83万km）と，太陽半径の0.00467au（69万6千km）に近く，僅かに1.2太陽半径のところを擦り抜けたクロイツ群と呼ばれる「太陽をかすめる彗星群（Sungrazer）」に属する彗星の一つだ．100万度以上とされる太陽コロナの中を通過し，巨大な潮汐力もかかる近日点通過を，「凍った泥団子」とも評される彗星核が生き延びた．

　13等級でこの彗星を発見したのはオーストラリアのアマチュア天文家ラヴジョイで，近日点通過のわずか18日前，2011年11月27日のことだった．確実な軌道も確定できないまま，太陽に突入するか，昇華して消失するか，いずれにせよ生還は厳しいものと思われた．世界を驚かせた太陽通過の後は，2011年のクリスマスを挟む12月下旬から2012年1月にかけて，南半球では−4等級の大彗星となり，彗星核崩壊を示唆する「脊椎状の尾」を示した後，北半球の空にはその雄大な姿を見せることなく消えていった．

ポンス・ブルックス彗星 　＜アウトバーストを繰り返す＞
[12P/Pons-Brooks]

ポンス・ブルックス彗星は，1812年7月21日にフランスのマルセイユでジャン＝ルイ・ポンスが発見した．1812年9月28日まで追跡されて観測期間はわずか2カ月だったが，ヨハン・エンケが軌道を求め約70年周期と推定した．71年後，1883年7月にウィリアム・ロバート・ブルックスが新彗星を発見し，後に1812年のポンスの彗星と同定されたことから，ポンス・ブルックス彗星（またはポン・ブルックス彗星）とよばれている．

1883年から1884年にかけての出現では，数回のアウトバーストを起こしたことが記録されており，1883年11月には肉眼で見えるほど明るくなった．1884年の初めには，別のアウトバーストが起こり，1884年1月26日の近日点通過後，6月まで観測された．

次の回帰は1953年6月20日に検出された．この時の近日点通過は1954年5月22日で，検出後は前回同様に数回のアウトバーストが発生している．1953年7月1日のアウトバーストでは18等から13等に明るくなっており，さらに1954年3月にも発生している．

今回の近日点通過は，2024年4月21日と予測されていたが，ローウェル天文台のディスカバリー望遠鏡によって，2020年6月20日に日心距離11.9 auという遠距離で検出された．2023年7月20日に日心距離3.9 auの地点で，大規模なアウトバーストが発生し，明るさは16等から11等に一気に跳ね上がり，奇妙な馬蹄形のコマが出現した．それ以降も数回のアウトバーストが発生している．

■ 2023年7月20日　アウトバースト

■ 2023年11月14日　アウトバースト

■ 2024年6月6日　彗星軌道面を地球が通過

■ 2024年3月27日ダストジェット，ガスジェット構造

(左)標準測光用フィルタ(Rc, V)，狭帯域フィルタ(C_2, green continuum)を用いた撮像から，ローテーショナルグラディエントフィルタで核近傍のジェット構造を抽出した．ダストとガスのジェットの噴出口の位置が異なることがわかる．Vには，ダストとC_2の両成分が混じっている．さらに，Rc, Vフィルタを用いて偏光度を測定すると，ダストジェットの根元あたりの偏光度が高いことがRの観測から明らかになった(3章, 4章参照)．

アイソン彗星 〈近日点通過で崩壊〉
[C/2012 S1 (ISON)]

太陽・太陽圏観測衛星（SOHO）が観測したアイソン彗星の近日点通過のようすの合成画像．中心の白丸が太陽の位置と大きさで，カメラ画像への直射を避けるために，右上から伸びる器具で遮蔽されている．

アイソン彗星は右下方向から太陽に接近し，ゆるく湾曲した尾がみられるが，近日点通過後に右上方向に離れていくにしたがって，彗星本体が淡くなっていった．崩壊した彗星核の破片が尾のように見えているが，次第に明瞭さを失っていった．

近日点通過は，凍った泥団子のような彗星にとっては最大の難関だが，アイソン彗星も無事に通過することはできなかった．

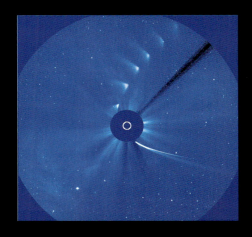

オルバース彗星 〈プラズマテイルが大規模擾乱（じょうらん）〉
[13P/Olbers]

11年周期の太陽活動が活発な2024年に接近したオルバース彗星には，大規模なプラズマテイル（イオンテイル）の擾乱が見られた．2024年7月2日に左上方向に伸びていたプラズマテイルが，翌日7月3日には大きくうねり，撮像者は「まるで辰年の真似をしているかのようだ」と表現している．高速で撮像可能なCMOSカメラが普及した最初の太陽活動極大期ならではの驚くべき景観だ．

紫金山（しきんざん）（ツーチンシャン）・アトラス彗星 〈2024年秋に期待に応えられるか？〉
[C/2023 A3 (Tsuchinshan-ATLAS)]

核が崩壊しなければ，2024年秋に明るくなると期待される紫金山・アトラス彗星が日心距離2.28 auまで接近した6月4日の出版前最新画像．

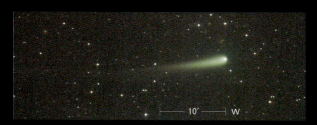

【CREDIT】
1P/Halley：藤井旭
Nucleus of Halley's Comet：NASA/ESA
C/1975 V1：J. Linder/ESO
C/1965 S1：藤井旭
21P/Giacobini-Zinner：NASA/JPL
C/1995 O1：渡邊文雄
C/1996 B2：高岡誠一
C/2006 P1：米戸実
D/1993 F2：NASA
SL9 Collision with Jupiter：NASA
17P/Holmes：Iván Éder
C/2011 W3：NASA
12P/Pons-Brooks：（2023年7月20日，2023年11月14日）津村光則，
　（2024年5月26日）Michael Mattiazzo,
　（2024年6月2日）Michael Jäger
C/2012 S1：SOHO/LASCO
13P/Olbers：Dan Bartlett
C/2023 A3：津村光則

初版へのまえがき

　もっとも古いハレー彗星の伝承が残っているのは，紀元前11世紀と言われている．天文の古記録が多い中国では，天界の異変を知ることが統治者の至上命令で行われていた．天界の異変は，地上に反映すると恐れられていたのである．なかでも彗星は，凶事をもたらすと考えられていた．ハレー彗星の文字による記録としては，紀元前240年の出現が最古のものである．当時の始皇帝は，天界の凶事の予兆をはね返すように，強大な権力を広げていった．ところが，その後の漢王朝は，ハレー彗星出現後に滅亡している．

　記録には残っていないが，日本では紀元607年のハレー彗星の接近は，聖徳太子の時代であった．平安時代には，陰陽師たちが，中国にならって天変地異の監視をしていたという．

　ヨーロッパでは，彗星を大気現象と考えていた時代が長く続いていた．やっと16世紀になって，ティコ・ブラーエが観測によってこれをくつがえし，天体の1つだということを証明した．そして18世紀になって，エドモンド・ハレーが彗星を太陽系の一員だとし，彗星天文学がスタートしたのである．

　整然と運動する惑星，位置や輝きを変えることのない恒星に対して，彗星は特異な存在であった．長い尾をたなびかせた姿は，何かが起こるような驚異を与えたに違いない．そして今，彗星は太陽系の起源を知るために，貴重な天体であることから，歓迎すべき放浪の天体になりつつある．46億年前の氷とダストが，太陽に近づいて，華やかなショーを繰り広げるのだ．

　本書の内容は，宇宙と太陽系の歴史のなかで彗星はどんな存在なのか，彗星を観測するにはどうしたらいいか，観測したら何がわかるのか，たいへん欲張ったものである．科学の眼で彗星を捉えながら，彗星と人間との歴史に思いをはせるのも，現代人の楽しみ方である．

2013年8月

改訂版へのまえがき

　2024年も期待の彗星がやって来る．紫金山・アトラス彗星 C/2023 A3(Tsuchinshan-ATLAS)だ．秋には肉眼彗星（望遠鏡等を使わなくても見られるほど明るい彗星）になるかもしれない．かもしれないと書いたのは，それだけ彗星活動の予測が難しいからだ．彗星では何が起こるかわからない．分裂や崩壊を起こし消滅することさえ，決して珍しいわけではない．それだけダイナミックな変化を楽しめる天体なのだ．

　初版から11年，いろいろな彗星が現れては去っていった．彗星のように現れると例えにも使われる，その出現はまさに一期一会という言葉がふさわしい．天は彗星を遣わし，宇宙を理解する手助けをしてくれているかのようだ．改訂にあたっては，その新たな理解を，できる限り盛り込むことを心掛けた．そして，どのように観測したら理解が深まるのか，具体的に解りやすく紹介することを目指した．結果的に分量が多くなってしまったが，目的に応じて必要な箇所を拾い読みできるよう，索引と目次に加えてクイック・リファレンスを新たに加えた．

　技術革新が矢のように速い昨今，いつまで内容が新鮮さを保てるか心許ないが，根底で基礎となるような考え方や，何よりも彗星の科学の楽しみ方が，いつまでも伝わることを信じている．そして，この本を手に取ってくださった皆さんに，彗星がより縁深い存在となることを願う．

2024年8月

鈴木文二　秋澤宏樹　菅原　賢

■ 目次

彗星ア・ラ・カルト	iii
まえがき	xi
クイック・リファレンス	xiv

第1章　天文学入門

1.1	宇宙の始まりと恒星の進化	2
1.2	太陽系の形成	4
1.3	彗星の誕生	6
1.4	天球と座標	8
1.5	明るさとスペクトル	10
1.6	散乱と偏光	12
	コラム 多波長で観た彗星	14

第2章　彗星を知る

2.1	彗星の発見と観測研究史	16
2.2	彗星の特徴（1）軌道	20
2.3	彗星の特徴（2）形状	24
2.4	彗星の特徴（3）組成	30
2.5	彗星と小惑星	34
2.6	彗星と流星群	38
2.7	彗星フライバイ探査の歴史	42
2.8	ロゼッタ・ミッション	46
2.9	今後の探査計画と地上観測への期待	50
2.10	彗星と地球生命のつながり	52
	コラム 星間彗星	56

第3章　彗星を撮る

- 3.1　彗星を見よう ... 58
- 3.2　ソフトウェア ... 62
- 3.3　画像フォーマット ... 68
  - コラム　画像公開のデータ表示 ... 71
- 3.4　彗星を撮ろう ... 72
- 3.5　撮像観測 ... 76
- 3.6　分光観測 ... 80
- 3.7　偏光観測 ... 86
- 3.8　画像の一次処理 ... 92
- 3.9　観測プランニング ... 96
  - コラム　ジェット構造の検出 ... 100

第4章　彗星を探る

- 4.1　位置観測と軌道計算 ... 102
- 4.2　光度観測 ... 108
- 4.3　コマの観測 ... 118
- 4.4　核近傍の観測 ... 126
- 4.5　ダストテイル ... 134
- 4.6　ナトリウムテイル ... 140
- 4.7　プラズマテイル ... 142
- 4.8　彗星観測のための標準星 ... 146

参考文献 ... 150
あとがき ... 153
索引 ... 154

Quick Reference
クイック・リファレンス

※ 各章の各項目は，全体を通して構成してあるが，単独で読むことができるので，目的に応じて必要な項目だけ選択することもできる．

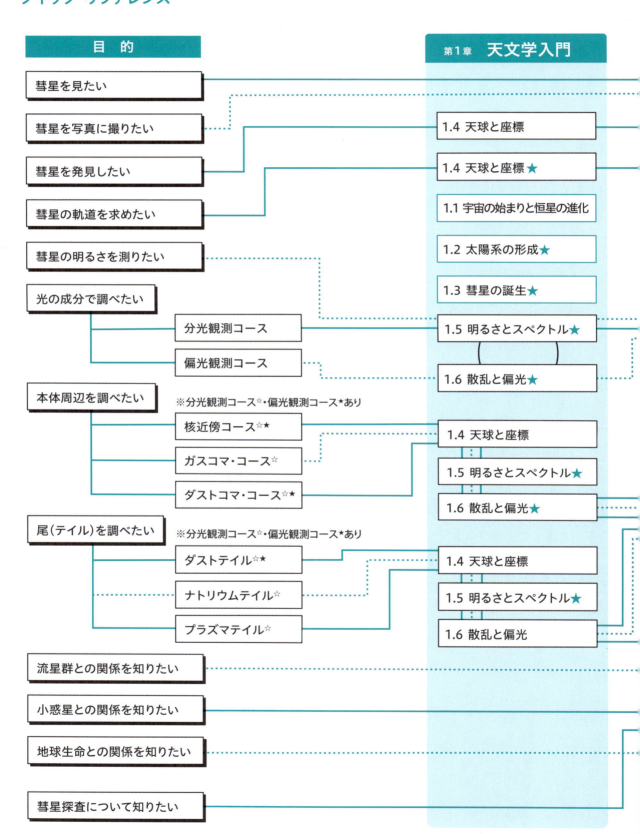

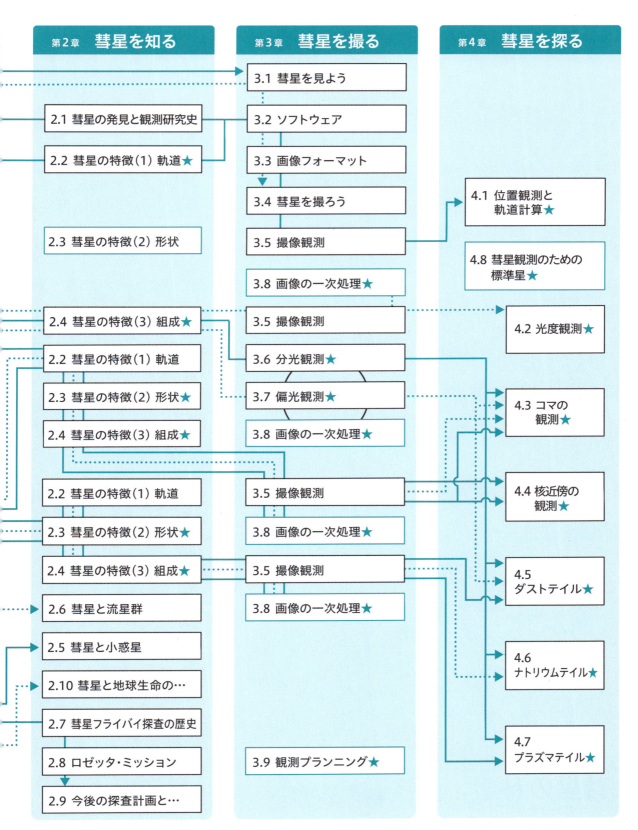

彗星の科学
知る・撮る・探る

第1章 天文学入門

A GUIDE TO ASTRONOMY

その来訪のたびに人々を魅了してやまない彗星は，
どのように誕生し，どこからやってきたのだろうか．
宇宙のはじまりから彗星の誕生まで，
彗星観測を始める前に知っておきたい天文学の基礎を第1章にまとめた．
彗星への理解が深まれば，観測もいっそう楽しくなるはずだ．

宇宙の始まりと恒星の進化

夏の夜空にみられる天の川は，多くの恒星が集まった銀河系の星ぼしだ．地球が属する太陽系は，この銀河系にある．私たちが夜空を見上げたときに見える星ぼしは，いつどのように誕生したのだろうか．

1 宇宙の誕生とビッグバン

宇宙は今から約138億年前に誕生したと考えられている．始まったばかりの宇宙は，高温・高密度であり，さまざまな粒子の混ざり合った状態だった．宇宙全体が火の玉のようだったことから，この状態を**ビッグバン**とよんでいる．

宇宙空間は時間とともに広がり，温度が低下していった（図1-1）．この宇宙膨張を担っているのは，ダークエネルギーであると考えられている．誕生後わずか10万分の1秒後には温度は約1兆K（ケルビン）になり，原子を構成する成分である陽子（水素の原子核）や中性子が誕生した．さらに3分ほど経過して温度が約10億Kに下がると，陽子と中性子からヘリウム原子核がつくられた．宇宙誕生から38万年後，温度が3000 Kに下がると，ヘリウム原子核や水素原子核が電子をとらえて，ヘリウム原子や水素原子をつくった．原子がつくられるまでは光は電子と絶えず衝突し，直進することができなかった．電子が原子核に取り込まれることによって多数存在した電子がなくなり，光は直進することができるようになった．この霧が晴れるように宇宙が透明になった現象を，**宇宙の晴れ上がり**とよぶ．

我々が観測できる宇宙は，ここからの姿だ．その後も宇宙は膨張し続け，1～3億年後に最初の恒星が誕生する．

2 銀河の誕生

恒星とガスの集団である銀河は重力によって集まり，50個未満の小集団の銀河群，また50個以上で場合によっては1000個を超える大集団の銀河団を形成した．宇宙には銀河団がさらに集まった超銀河団とよばれる集団も存在する．銀河，銀河群，銀河団は，巨大な網目状の構造をつくり，これは**宇宙の大規模構造**とよばれている（図1-2）．大規模構造は，宇宙に存在するダークマターの分布に起因すると考えられている．

私たちが住む地球が含まれる**太陽系**は，1000億個以上の恒星からなる**銀河系**に属している．銀河系は，恒星が密集して膨らんだ中心核，渦巻き状に恒星が分布している円盤部で構成され，円盤

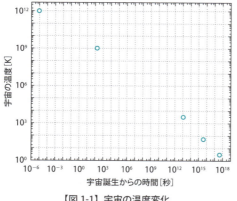

【図1-1】宇宙の温度変化

【図1-2】宇宙の大規模構造
(M. Blanton and the Sloan Digital Sky Survey)

部の直径は約10万光年だ．また，銀河系を取り囲むようにハローとよばれる希薄なガスが存在する．私たちの太陽系は，銀河系の中心から約2万8000光年離れた場所にある．夏の夜空に見える天の川の濃い部分は，銀河系の中心方向だ．天の川が帯状に見えるのは，見渡す円盤部の方向に重なる恒星を見ているからなのだ（図1-3）．

【図1-3】天の川

3 恒星の進化と元素の起源

銀河には，恒星と恒星の間に**星間物質**が存在する．星間物質は，水素（H）とヘリウム（He）を主成分とする希薄な気体である**星間ガス**と，直径0.01〜1 μm程度の固体微粒子である**星間塵**（ダスト）からできている．星間物質が局所的に濃くなっている場所を**星間雲**という．星間雲のうち，特に密度が高く温度の低い，分子が多く含まれるような星間雲は，**分子雲**とよばれる．恒星は分子雲の中で誕生し，星間ガスは恒星の主成分となり，ダストは惑星などの材料となる．

ビッグバン当初は，水素とヘリウムしか存在しなかったが，重い元素は恒星の中で誕生した．太陽を例に恒星の進化を追ってみよう（図1-4）．分子雲が収縮し，中心部の温度がおよそ1000万Kに達すると，水素からヘリウムを生じる核融合が始まる．その後，長い期間安定して輝き続ける**主系列星**となる．主系列星の中心部では，核融合が進行していくとヘリウムがたまっていき，**赤色巨星**へと進化する．巨星の中心部は，しだいに高温・高密度になっていき，ついにはヘリウムが核融合を始め，炭素（C）と酸素（O）に変換される．質量が太陽の8倍以上ある星では，さらに温度が上昇し，炭素が核融合を起こし，ケイ素（Si）とマグネシウム（Mg）に変換される．質量が太陽の10倍以上ある星では，さらに核融合が進み，最終的には鉄が生成される．質量が太陽の8〜10倍未満の恒星は，核融合の燃料を使い果たした後に，外層を静かに宇宙空間に放出して**惑星状星雲**をつくり，中心には**白色矮星**が残る．質量が太陽の8〜10倍以上の星は，核融合の燃料を使い果たすと大爆発を起こす．この爆発が，急に1億倍も明るくなる超新星だ．**超新星爆発**によって，核融合では合成されなかった鉄より重い元素が誕生する．質量が太陽のおよそ25〜30倍以下の恒星では，爆発後に**中性子星**が残る．質量がそれ以上であれば，中心部は強い重力によってさらに収縮が続く．その結果，ついに光も脱出できない**ブラックホール**が誕生するのだ．

私たちの体には，ビッグバン直後につくられた水素やヘリウム以外，つまり炭素や酸素など重い元素が存在する．地球の岩石は，さらに多種類の元素から成り立っている．生命，地球，そして太陽系は，宇宙初期に誕生した恒星の残骸（星くず）が材料となってできたものなのだ．

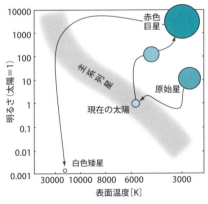

【図1-4】太陽の進化

【補注】天文学で用いられる独特な距離の単位として、天文単位［au］、パーセク［pc］、光年［ly］がある。地球から太陽までの平均距離：1 au＝1.49597871×10⁸（1億5000万）kmである。また、1 auを半径とした地球の年周運動によって、角度1″の視差が生じる距離：1 pc＝3.08567758×10¹³（30兆）kmで、光が1年間で進む距離：1 ly＝9.46073047×10¹²（9兆5000億）kmである。太陽系天体の距離を表すには、auがよく使われる。

太陽系の形成

銀河系には，太陽系以外にも多数の惑星系が存在する．今でも銀河の中に存在する星間物質は，さまざまな惑星系をつくり出している．私たちの太陽系はどのようにつくられたのか，そして彗星はいつ誕生したのだろうか．

1 原始太陽系円盤と微惑星

太陽系は，約46億年前に星間分子雲の中で形成されたと考えられている．星間雲は，回転しながら収縮して円盤状になり，その中心に原始太陽（原始星段階の太陽）が誕生した．その周囲に残った円盤状の星間雲は，**原始太陽系円盤**（星雲）とよばれ，ここから惑星などの天体が形成されたのだ．現在の太陽系の惑星は，地球の北極側から見ると反時計回りに公転していることから，この円盤は，反時計回りに回転していたと考えられる．また，現在の惑星の公転面がほぼ等しいことも，円盤形成を裏付ける証拠である．

ダストが円盤の赤道面に沈みこみ，しだいに円盤は薄くなる（図1-5）．すると，ダスト同士の引力（自己重力）が潮汐力を上回り，重力的に不安定になる．やがてダスト円盤が多数のダスト集合体に分裂し，この集合体が固まって小天体になる．これが惑星の材料であり，**微惑星**とよばれる天体である．微惑星の密度を岩石程度と仮定すると，その大きさは1〜10 kmの直径である．これは典型的な小惑星，彗星の大きさだ．太陽からの距離が遠いところで形成された微惑星は，水が氷となる限界線（**スノーライン**）の外側にあったため，氷に富む天体となった．

2 惑星の形成

微惑星は，緩やかな衝突によって合体していく（図1-6）．衝突合体を繰り返して微惑星が大きくなると，周囲のガスが重力で引き留められて大気になる．このような天体を**原始惑星**とよぶ．

太陽に近い領域にできた原始惑星は，岩石質に富み，比較的質量が小さかった．現在の地球に近い領域では，このような原始惑星の合体と衝突がくり返され，四つの**地球型惑星**（水星，金星，地球，火星）が誕生したと考えられる．太陽から遠い，スノーラインの外側の領域で形成された質量の大きい原始惑星は，岩石と氷でできており，やがてその重力によって周囲のガスをひきつけ巨大ガス惑星である**木星型惑星**（木星，土星）が誕生した．木星型惑星ができると，周囲のガスが少なくなっていった．木星や土星よりも遠い領域では，微惑星の密度が小さく公転速度も遅いため，惑星の形成には10億年以上の時間がかかった．内部に氷の層がある**海王星型惑星**（天王星，海王星）は，巨大氷惑星とよばれている．

【図1-5】ダスト円盤の形成
（NASA/JPL）

【図1-6】太陽系の誕生
（イラスト　神林光二）

3 小天体の起源

小惑星の大部分は，火星と木星の間にあり，大きさは，直径10 km以下のものがほとんどだ．発見されている小惑星は100万個以上ある．海王星の外側には，直径100 kmを超える**太陽系外縁天体**が2000個以上発見されている．直径数十km程度のものまで含めると，総数は数万個とも推定されている（図1-7）．太陽系外縁天体のうち，大きくて球形をしたものは，**冥王星型天体**とよばれる．

彗星は，太陽の周囲を細長い楕円軌道で公転している．軌道の傾きが大きく，惑星の軌道を横切るものも多い．彗星の起源は，太陽系が形成されたとき，太陽系の外縁部にできた氷型の微惑星だ．この天体が，何らかの原因で太陽に向かって近づくと彗星になる．

小さな天体が宇宙空間から地球に突入し，燃えつきずに落下した物体を**隕石**という．隕石の多くは，小惑星のかけらだ．大きな隕石が落下すると，地表にクレーターを形成する．**流星**は，太陽の周囲を公転している小さな粒子（砂粒程度）が，高速で地球大気に突入し，発光する現象だ．流星の大部分は，彗星からのダストだ．毎年同じ時期に，多数の流星が放射状に出現する流星群は，流星物質をもたらした彗星の軌道と地球の軌道とが交差するときに出現する（p.38参照）．

4 太陽の活動

太陽は他の恒星と同様に，核融合によってエネルギーを生み出している．中心部でつくられたエネルギーは，太陽表面へと運ばれ宇宙空間に放出されている．太陽を観測すると，表面に黒い点が散在しているように見えることがある．この点は**黒点**とよばれ，周囲よりも温度が1000〜1500 Kほど低い部分だ．黒点が最も多く現れる時期を黒点極大期という．極大期には太陽活動が活発になり，地球に到達するエネルギーが増加する．皆既日食のときには，光球の外側に赤い大気の層（**彩層**）が見える．彩層の上部は，細長く噴出した気体が無数に並んだように見える（**プロミネンス**）．彩層の外側には，**コロナ**と呼ばれる100万K以上の非常に希薄な気体が観測される．太陽表面では，黒点付近の彩層とコロナの一部が突然明るくなることがある．この現象を**フレア**という．フレアが起こると，電子や陽子などの電気を帯びた高速の粒子が大量に放出される．太陽表面からは，フレアの発生にかかわらず，常に電気を帯びた高速の粒子が放出されている．これを**太陽風**という（図1-8）．彗星に見られるプラズマテイルは，この太陽風によって太陽と反対方向にたなびいている（p.142）．

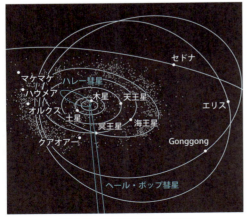

【図1-7】太陽系外縁天体と彗星

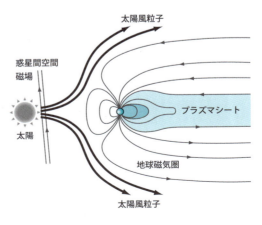

【図1-8】太陽風と地球磁場

彗星の誕生

太陽系天体の多くは，誕生後に溶融したりして，元の物質の特徴が失われている．しかし彗星は，太陽系をつくった当初の物質（始原物質）が冷凍保存されていると考えられている．太陽系誕生時の「化石」が彗星だ．

1 彗星の軌道と分類

軌道から彗星を分類する場合，**短周期彗星**（楕円軌道で周期が200年未満のもの）と**長周期彗星**（200年以上のもの）に分けるのが慣習だ（図1-9）．彗星がどこからやってきているかを，その軌道から考えたのがオランダの天文学者ヤン・ヘンドリック・オールト（1900-1992）だ．1950年，彗星の軌道を丹念に調べ，太陽からもっとも遠ざかる点（**遠日点**）が，数万au付近に集中していることを見いだし，ここが彗星の故郷だと考えた．これが現在「**オールトの雲**」とよばれるものだ．オールトの雲は球殻状なので，全方向から彗星がやってくること，つまり**黄道面**（太陽系の惑星が公転する面）とは無関係であることも説明できる．長周期彗星のほとんどは，オールトの雲からやってきていると思って間違いない．

一方，オールトよりも早く，冥王星（当時は惑星の分類）の外側に彗星の故郷があると，1943年に主張したのは，アイルランドの天文学者ケネス・エセックス・エッジワース（1880-1972）だ．彼は，短周期彗星が黄道面に集中していることから，オールトのような球殻状の故郷ではなく，冥王星の外側に黄道面にそったベルト状の彗星の故郷があると考えた．後の1951年，アメリカの天文学者ジェラルド・カイパー（1905-1973）も同様の考えを述べている．1980年代から，コンピュータ・シミュレーションによって，従来のオールトの雲では短周期彗星を説明できないことが明らかになりはじめた．そして，海王星の外側に新たなタイプの天体が1992年に発見されたことで，彼らのアイデアが正しかったことが証明された．これが「**エッジワース・カイパーベルト**」とよばれているものだ（図1-10）．

【図1-10】エッジワース・カイパーベルトとオールトの雲

彗星は，長い間太陽から遠く離れた場所にあり，原始太陽系円盤の環境を物語る物質科学的な情報を，いわば氷漬けにした状態で保っていると考えられる．46億年の間，氷小天体ができた当時のままの状態にあったと考えるのは慎重を要するが，基本的に彗星のガスの化学組成やダストの組成を調べれば，エッジワース・カイパーベルト起源の彗星からは30 auよりも内側の領域の物理化学的な情報が，オールトの雲起源の彗星からはそ

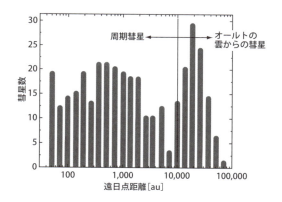

【図1-9】彗星の遠日点分布
(Michel C. Festou, H. Uwe Keller, Harold A. Weaver Jr., Eds., *Comets II*, The University of Arizona Press, 2004 を参考に作成)

れよりも遠方の領域の情報が得られると期待されている．

 彗星とは何か

彗星を特徴づけるのは，次のような4つの構造である（図1-11）．

(1) 核 (nucleus)

彗星の正体は宇宙空間を旅する巨大な雪（氷）のかたまりだ．雪の少ないときにつくった雪だるまは，ころがしているうちに地上の土や砂がついて黒く汚れてしまう．表面だけでなく，内部もそういった不純物が混じっている．大きさは数kmから数十kmもある巨大な雪だるまが彗星なのだ．彗星の本体を**核**と呼んでいる．その成分は80％ほどが水（H_2O），残りの20％には二酸化炭素（CO_2），一酸化炭素（CO），その氷に，炭素，酸素，窒素に水素が化合した種々の分子が含まれ，これに砂粒のようなダストが混ざっている．

(2) コマ (coma)

彗星が太陽に近づくと太陽から受ける熱でその表面は少しずつ融けていく．氷が融けると地上では液体になるが，宇宙の場合にはまわりが真空なので，すぐに気体となって昇華してしまう．これが彗星から放出されるガスの正体だ．このガスに引きずられるように，細かなダストも一緒に宇宙空間に放出される．彗星から飛び出したガスの一部は，本体の核のまわりに薄い大気をつくり，ぼんやりとした丸い頭部として見える．この大気を彗星の**コマ**と呼ぶ．コマの直径は数万〜数100万kmにも達する．主成分は電気を帯びていない中性の反応性の高い分子（ラジカル）で，炭素二量体（C_2），シアノラジカル（CN）などだ．コマの密度は小さく，背景の恒星が見えるほどであり，希薄なガスだ．

(3) プラズマテイル (plasma tail)

コマのガスの中には**イオン**になり，電気を帯びるものがある．すると，電気的な力が強く働くようになる．太陽からは太陽風が流れている．この風が彗星のまわりのイオン化した分子をひきずっていく．太陽風の流れは毎秒数百kmもあるため，コマのイオンはどんどん吹き流され，太陽と反対側に伸びた細い尾（テイル）をつくる．これが**プラズマテイル**だ．光っているのは一酸化炭素イオン（CO^+）や水イオン（H_2O^+）だ．

(4) ダストテイル (dust tail)

ガスとともに，彗星を飛び出したダストがたくさんある．μmサイズ以下の小さなダストは，ガスと一緒に飛び出して宇宙空間に流されていく．流星となるmmサイズのダストは，彗星核からさほど離れていない位置に分布する．mmサイズより大きいダストは，昇華したガスの圧力によって上昇するが，彗星重力によって落下してしまう．

ダストの尾はμmサイズの粒子が太陽光を反射して光っている．このようなサイズのダストは，太陽の光の圧力（**放射圧**）を受けて反太陽方向へなびいて**ダストテイル**をつくる．ただし，いくら小さいとはいってもダストは固体だから，流されるスピードはイオンに比べてゆっくりだ．そのためにダストテイルは細くはならず，かなりの幅をもった尾をつくる．

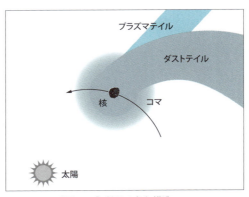

【図1-11】彗星の主な構造

天球と座標

天空で特定な場所を示す場合，国名や都道府県名にあたるのが星座名だ．さらに詳しい位置は，座標で表される．地球上の緯度・経度のように，天空にも座標がある．移動する彗星の位置は，この座標によって示される．

1 地平座標

天体がどこに見えるか（位置）を表すとき，もっとも簡単なのは，「東の空に高く」，「西の空に低く」などと示すことだ．方位と高度を数値で表したときの座標を**地平座標**（図1-12）と呼ぶ．北を基準に東まわりに0°から360°と目盛りをつけたものが方位角，地平線を0°，天頂を90°としたのが高度（角）だ．また，天頂から地平線に向かって測ったときの角度は，**天頂距離**とよばれる．

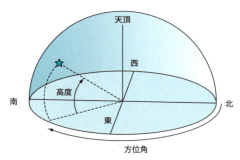

【図1-12】地平座標の表し方

2 赤道座標

地平座標は感覚的で分かりやすいが欠点がある．地球が球形のため，場所によって天体の高度が異なること，また地球の自転により，時間がたつにつれて位置が変化することだ．そのため，**天球**という考え方を用いる．天球は地球から見た天体の位置を表すため，地球を中心とした天動説だ．天球の内側に，遠方の銀河をはじめ，星座をつくる恒星，太陽，惑星などが貼りつけられていると想定する．天球が回転することによって，さまざまな天体が東から昇り，西に沈むという日周運動が起こると考える．天球上での位置を表す座標系を**赤道座標**（図1-13）とよぶ．地球の赤道に相当する天球上の赤道が**天の赤道**で，地球の自転軸（地軸）をまっすぐ延長し天球と交叉した点を，それぞれ**天の北極**，**天の南極**とよぶ．天の赤道を赤緯0°，天の北極を＋90°，天の南極を－90°とした目盛りが**赤緯**で，地球の緯度と同じ目盛りの取り方だ．一方，地球の経度に相当する目盛りを**赤経**とよぶ．赤経の原点は**春分点**だ．地球からの距離が近い太陽は，一年かけて天球上を一周するように見える．この経路の道筋を**黄道**とよぶ．黄道は天の赤道と2カ所で交わる．太陽が天球の南半球から北半球に移るときの交点が春分点だ．春分の日は，天球上のこの交点に太陽が位置する日だ．赤経の目盛りは，春分点から東まわりに0h（時）から24hという時間の目盛りを用いる．これは天球の回転（日周運動）は，地球の自転によって起こる見かけの動きであるため，地球の自転周期24時間を考えて作られたものだ．赤緯，赤経の目盛りは，それぞれ1°＝60′（分），1′＝60″（秒），1h＝60m（分），1m＝60s（秒）と，さらに細かい目盛りを刻み，天体の正確な位置を表す．24h

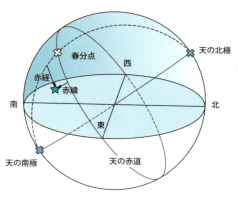

【図1-13】天球と赤道座標

＝360°なので，赤経1h＝15°となる．

3 星表と星図

よく知られている恒星や銀河などの位置，明るさを一覧表にしたものを**星表（カタログ）**とよぶ．また，この星表をもとに描いた天球の部分的な地図を**星図**とよんでいる．天体観測をする上で，星表と星図は欠かせないものだ．移動する天体である惑星や彗星，小惑星などは，星表・星図には書かれていない．それぞれの軌道運動から天球上での位置を求めて表す．これを**位置推算**という．逆に天球上での位置を求めることによって，天体の軌道を計算することができる．また，赤道座標で表された天体の位置は，観測者の位置（緯度・経度）と現在時刻を与えれば，地平座標に変換することができる．

現在は星表のデータをデジタル化して利用するのが一般的だ．星図を映し出すソフトウェアがあれば，即座に目的の天体の位置，明るさなどを知ることができる（図1-14）．目的に応じたオンライン版も公開されている．

【図1-14】パソコン上の星図の例
2024年2月14日19時．15等級以上の明るさの彗星，星座，星雲星団を表示させている．
（株式会社アストロアーツ，ステラナビゲータ）

4 歳差と分点

天の赤道と黄道の交わる角度は，地球の自転軸の傾き，約23.4°だ．ところが，自転軸の傾きは一定ではなく，2万6000年の周期で自転軸そのものが回転運動をしている．これを**歳差運動**と呼

び，赤道座標の原点である春分点が動くことになる．したがって，いつの時点の春分点を基準に作成した座標なのかを明らかにしておく必要がある．これを**分点**とよび，現在使われているのは西暦2000年の位置（J2000）だ．歳差運動は1年間で50″程度あるため，2000年分点での位置は，実際の観測位置とずれている．そのため，ある時刻で観測した瞬間の位置のことを**視位置**とよんでいる．

5 その他の座標系

太陽系天体の位置を表すために黄道座標が用いられることもある．黄道座標は黄経，黄緯で表され，黄経は春分点を原点にして東まわりに360°，黄緯は黄道を基準とし，北（＋），南（－）にそれぞれ90°とする．このほかに，銀河系内の天体の分布や運動を表すときには，銀河座標を用いる．これは銀河面を基準面とした座標系だ．地平座標を含め，すべての座標系は相互に変換可能だ．

天文学で用いられるFIS（Flexible Image Transport System）形式の画像フォーマットでは，**WCS**（World Coordinate System）を活用すると，画面上のカーソル位置で，これらすべての座標を得ることができる．

例として，2024年3月20日（春分の日）19時における，ポンス・ブルックス彗星 12P/Pons-Brooks の位置を示してみよう．観測場所は，東経139°，北緯36°としてある．

＜地平座標＞
方位角 293.5°（西北西）　高度 18.1°
＜赤道座標 J2000＞
赤経 01h 15m 59.6s　赤緯 ＋29°08′47″
＜視位置＞
赤経 01h 17m 18.0s　赤緯 ＋29°16′22″
＜黄道座標 J2000＞
黄経 28°49′55″　黄緯 ＋19°29′49″

明るさとスペクトル

測定した明るさは，等級に換算する．光をプリズムなどに通すと，七色の虹ができる．これをスペクトルとよぶ．明るさやスペクトルから，天体の活動，組成，温度などの情報を得ることができる．

1 明るさと等級

天体の明るさを表すために，天文学では**等級**（magnitude；mag）という単位を用いる．この単位と光のエネルギー単位（例えばW/m^2，画像ならばカウント値）との関係を知っておく必要がある．1等星と6等星の明るさ比はエネルギーで，100：1だ．5等級の差が100倍の違いだから，1等級の差では$\sqrt[5]{100} ≒ 2.512$倍となる．この関係を用いて，1等より明るい天体は0等，さらに明るければ－1等，という負の数で定義する．逆に6等より暗い天体は7等というように正の大きな数となる．11等は6等の1/100の明るさだ．明るさを正確に測ることができれば，5.1等，5.13等などと小数で表すことができる．画像を使って測ることのできる量から等級に換算するには，次の**ポグソンの式**を用いる．明るさがL_1，L_2の天体の等級がm_1，m_2のとき，次の式が成り立つ．

$$\frac{L_1}{L_2} = (\sqrt[5]{100})^{(m_2-m_1)} = 10^{\frac{2}{5}(m_2-m_1)}$$

$$\log_{10}\left(\frac{L_1}{L_2}\right) = \frac{2}{5}(m_2-m_1)$$

$$(m_2-m_1) = 2.5 \cdot \log_{10}\left(\frac{L_1}{L_2}\right)$$

等級がわかっている，明るさの基準となる天体を**比較星**とよぶ．この明るさを測定して，求めたい天体の明るさと比較することにより等級を計算することができる．目的の天体の明るさを挟むような明るさの比較星を複数個用いると精度がよくなる．

2 スペクトル

太陽系天体は，太陽からの光を受けて輝いている．太陽光をプリズムなどで分光すると，七色の虹ができる（図1-15）．これを**スペクトル**とよび，色の順序は光源によらず同じだ．光は横波として空間を伝わるので，その性質は波長で特徴づけられる．色の違いは，波長の違いだ．青い光は波長が短く，赤い光は長い．波長の単位はnm（ナノメートル）を用いることが多い．nmはmmの100万分の1であり，原子や分子の大きさを表す長さの単位だ．人間の眼で感じることのできる範囲を**可視光線**とよび，波長は380〜700 nmくらいだ．太陽からは，可視光線よりも短い，あるいは長い波長でもエネルギーが放出されている（図1-16）．これらを波長の短い順に並べると，γ（ガンマ）線，X線，紫外線，可視光線，赤外線，電波となる．光と同じ伝わりかたをするこれらを**電磁波**とよぶ．

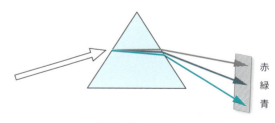

【図1-15】スペクトル

太陽のスペクトルは，紫色から赤色まで連続的に光が見えている．このようなスペクトルを**連続スペクトル**とよぶ．連続スペクトルで最も強いエネルギーを出している波長は温度によって決まり，表面温度が約6000 Kの太陽の場合は500 nm前後だ．この波長は高温の天体ほど短い波長

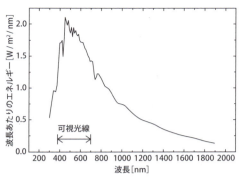

【図 1-16】太陽のエネルギー分布

になり，低温天体では長い波長となる．温度の高い天体は，短い波長のエネルギーを大量に放出しているため，青く見える．低温の天体は長い波長が主であるため赤く見える．このような放射を**黒体放射**（温度放射）とよぶ．恒星の放出しているエネルギーが最大となる波長をλ_{max}(nm)，表面温度をT(K)とすると，次のような関係（ウィーンの変位則）が成り立つ．

$$\lambda_{max} = \frac{2.898 \times 10^6}{T}$$

恒星の色を数値的に表したものが**色指数**だ．色指数は，異なった波長を通すフィルタを用いて恒星の明るさを測定し，その等級差で表す．よく使われるのが青（B）と緑（V）の差で，太陽は，$B-V=+0.65$だ．

4 スペクトル型と吸収線スペクトル

太陽の連続スペクトルには，ところどころに黒い線が見られる．これは彩層にある原子やイオンが特定の波長を吸収するために起こる**吸収線スペクトル**だ．恒星のスペクトルは，吸収線の見えかたによって，表面温度の高い順に，O型から始まりO-B-A-F-G-K-Mと分類されており，これを**スペクトル型**とよぶ．スペクトル型はさらに，温度の順に0から9までの数字をつけて細かく分類されている．この分類に従うと太陽のスペクトル型は，G2型だ．

5 輝線スペクトル

一方で，太陽のコロナには，鉄イオンなどの発光が見られる．ある特定の波長でのみ発光しているスペクトルを**輝線スペクトル**とよぶ．輝線スペクトルからは，その原子，イオンの種類，温度，密度などの情報を知ることができる．太陽光を反射して輝いている天体は，表面の鉱物などが特定の波長を吸収するため，太陽スペクトルとは異なった反射スペクトルが見られる．これも物質の特定に有効だ．

6 彗星とスペクトル

彗星のスペクトルは，太陽光の反射とガスの輝線スペクトルによって構成されている（p.59参照）．ガスの発光は，太陽光の共鳴散乱というしくみだ（p.121参照）．彗星観測の比較星は，太陽の色指数とスペクトル型に近い恒星が使われることが多い．このような恒星を**太陽類似星**とよぶ．

7 ドップラー効果

運動している天体からの光は，観測者から見ると，本来の波長（λ_0）からシフトした波長（λ）として観測される．近づく天体は短波長側に，遠ざかる天体は長波長側に，連続，吸収および輝線スペクトルの全てがシフトするのだ．これを**ドップラー効果**とよぶ．観察者の視線方向成分の速度を**ドップラー速度**（v）とよぶ．光の速度（c）は非常に大きな値（300,000 km/s）なので，日常生活で光のドップラー効果を体験することはないが，宇宙の膨張をはじめ，天文学ではなじみの深い現象である．太陽系天体では，対象天体に対して地球も相対的に運動していることも考慮して考える．vが予測されるならば，観測される波長λは次のように表せる．

$$\lambda = \lambda_0 \frac{c+v}{c}$$

CHAPTER 1.6 散乱と偏光

彗星からの光は，ダストが反射する太陽光と気体（ラジカル）の発光である．光の性質として，散乱と偏光が観測されるが，これらは主にダストの特性を探るために，重要な物理指標となる．

1 彗星のダストからの光

彗星をとりまくダストのコマやテイルは，さまざまな成分（鉱物）からできており，粒径も大小がある．しかし，典型的なダストを考えることで，全体像の一部が見えてくる．彗星の光源（エネルギー源）は太陽であるから，図1-17のように，太陽，彗星および地球を含む平面を考える．この面を**散乱面**とよぶ．太陽光が彗星に向かって進む方向にx軸，それと直角方向にy軸，散乱面に垂直な方向にz軸をとる．

図1-18に，粒径と波長をもとにした散乱特性を示す．一般に反射とは，$X = 1000$より大きい場合だ．これは**幾何光学的散乱**とよばれ，惑星などの表面の反射光を説明するときに使われる．Xが小さい場合は**レイリー散乱**（Rayleigh scattering）が起こり，波長によって散乱効率が大きく変化（$1/\lambda^4$）することが知られている．この散乱は，夕焼けが赤く見えることや青空が青く見えることの説明になる．粒径が分子レベルの散乱である．二つの散乱の中間が，**ミー散乱**（Mie scattering）である．彗星から放出されるダストの多くは，この散乱を起こしている．

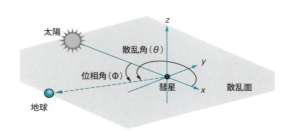

【図1-17】散乱，偏光の座標軸

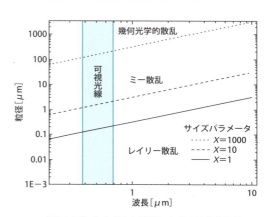

【図1-18】さまざまな散乱における波長と粒径

2 散乱

光が物質にあたると，さまざまな角度に光の進行方向が変えられる．この現象を**散乱**とよぶ．

散乱は，**散乱角**θによって強度が変化する．散乱角はz軸の上方から見てx軸を$\theta = 0$として，反時計回りに計測することが一般的である．散乱の計算のためには，サイズパラメーターXを導入する．これは，粒径Rと光の波長λで導かれ，次の式のとおりである．

$$X = \frac{\pi R}{\lambda}$$

ミー散乱を計算するためには，サイズパラメーターの他に，粒子の屈折率が必要だ．室内実験や星間空間ダストなどの研究から，典型的な粒子の屈折率が求められている．この屈折率は複素数で表され，実数部n，虚数部kとし，入射する太陽光強度I_0とすると，散乱角θにおける強度I_θは，次のように書ける．

$$I_\theta = \frac{I_0 \lambda^2 (n(\theta) + k(\theta))}{8\pi^2 R^2}$$

図1-19は，波長0.5 μm（500 nm），粒径0.1 μmの計算結果である．鉱物としては，かんらん石を想定し，屈折率は$n = 1.80$，$k = 0.001$を用いている．図はz軸の上方から，散乱光の強度分布をx-y平面に投影したものである．散乱光の中で，太陽方向への散乱は**後方散乱**とよび，進行方向への散乱は**前方散乱**とよぶ．ミー散乱は同じ鉱物であっても粒径が異なると，散乱光の角度依存が大きく変化する．現実的には，彗星ダストの粒径分布に合わせて，複数の粒径を計算し積算する方法をとる．

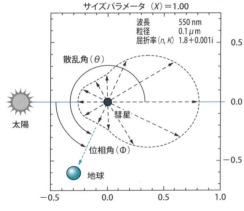

【図1-19】ミー散乱による散乱光の強度分布

3　偏光

　横波である光（電磁波）は，進行方向に対して垂直な面で振動しながら伝わっていくが，ある特定な方向の振動が強くなることを**偏光**という．

　図1-20のように，太陽，彗星と地球のなす角を**位相角** φ とよぶ．太陽からの光の振動を，x-y平面に垂直な面で見ると，あらゆる方向に振動していて，その強度は角度に依存しない．ところが，ダストによって散乱された光は，特定の振動方向の成分が強められている．これが偏光（直線偏光）

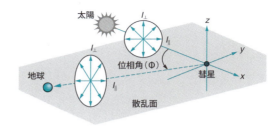

【図1-20】位相角と偏光

である．散乱面に平行な成分$I_{\parallel}$と垂直な成分$I_{\perp}$とを比較することで，偏光度 p が求められる．

$$p = \frac{I_{\perp} - I_{\parallel}}{I_{\perp} + I_{\parallel}}$$

　偏光度は，位相角によって変化する量であり，散乱する鉱物の種類，粒径分布によっても異なる値をとる．この値は，彗星ダストの特性を示すとともに，彗星活動によって大きなバーストや分裂が起こると変化する．位相角による偏光度の変化を，かんらん石（スケールパラメータ$X = 1$）を例として図1-21に示す．鉱物結晶そのまま（bulk）と，空隙率（porosity）60%では，大きく異なっていることがわかる．実際の彗星ダストは，**空隙率**[1]が高いと考えられている．

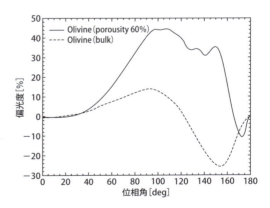

【図1-21】位相角によるかんらん石の偏光度

[1) ある体積に対して，隙間の体積の割合を示す量のことで，空隙率0%は，隙間がない（bulk）状態である．

column

多波長で観た彗星

　天体はさまざまな波長で光っている．可視光はもとより，X線，紫外線，赤外線，電波など，さまざまな波長で放射された電磁波の観測が，その特性に応じて行われてきた．彗星の放射（図1-22）は，ダストの連続光成分にガスの輝線成分が重なっているため，特定の波長を選択した観測が，その物理的な特性に応じて実施される．ダスト連続光には，可視光の散乱光（ミー散乱）と赤外線の熱放射があり，その全体の強度比や，シリケート・フィーチャー（ケイ酸塩の特徴）とよばれる波長10 μm（マイクロメートル）付近に現れるスペクトルなどで，ダストの性質や生成率（放出率）が調べられる．

　地上観測は，大気中の分子が電磁波のさまざまな波長を吸収・散乱するため，その影響を受けにくい**大気の窓**（図1-23：透過率の高い波長域）で行われる．可視光の窓は大きく開き，天体を観測できる．しかし昼間は大気分子の太陽光散乱（レイリー散乱）で明るい青空となり，それより暗ければ見えない．電波では散乱の影響は少なく，水蒸気の影響のない波長域なら，昼間も観測できる．太陽を含めて，天体からの電磁波の放射は，黒体放射（p.11参照）と考えてよい．数百Kの場合の黒体放射は，数μmから10μm程度の中間赤外線にピークをもち，この波長域でも窓は開いている．

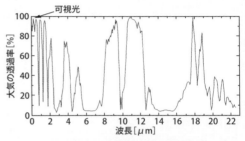

【図1-23】地球大気の透過率の高い波長域が大気の窓

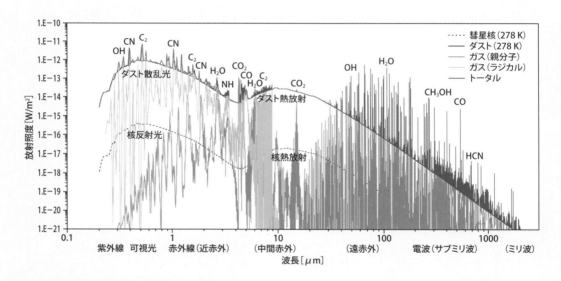

【図1-22】典型的な彗星スペクトルの多波長シミュレーション例
NASA/Planetary Spectrum Generator を使用して，1 auの距離にある直径5 km，アルベド（反射能）0.04，放射率0.96，表面温度278 K（日心距離1 auの黒体温度）の彗星核と，ケイ酸塩鉱物を主とするダストのガスに対する比は3を仮定した．ガス親分子はH_2O：100%として，CO_2：15%，CO：12%，CH_4：1.5%，NH_3：0.5%，H_2O_2：0.3%，C_2H_6：0.6%，HCN：0.4%，CH_3OH：2.4%，ラジカルはOH：5%，CN：1%，C_2：5%，NH：3%で，生成率は10^{29} 分子/s，拡散速度は800 m/sの条件でシミュレーションした．波長λの単位はμmで，1 μmが1000 nm（ナノメートル）= 10000 Å（オングストローム）．電波では一般に周波数 f を使用する．周波数 f と波長 λ の関係は $f = v/\lambda$ で，ここで v は伝播速度．電磁波の伝播速度は光速度 $c = 299792458$ m/s が用いられ，例えば1000 μm（1 mm）は299.792458 GHz（ギガヘルツ）となる．

第 2 章
彗星を知る
INTRODUCTION TO COMETS

彗星について今わかっていることを知れば
今こそ必要な, 重要な観測テーマを見つけられる.
彗星に取り組んできた人間の歴史には,
興味深いエピソードが散りばめられている.

彗星の発見と観測研究史

「彗星のごとく現れる」と言うように，突然現れては人々を驚かせてきた彗星たち．その出現は望遠鏡が発明されると，積極的に発見される対象となった．発見数が増えるにつれて，その本質に迫るさまざまな観測や研究が進められてきた．

1 歴史上の彗星記録

もっとも古い彗星の伝承は，BC（紀元前）11世紀の中国だといわれている．76年ごとの出現で有名なハレー彗星が，BC1059年12月に現れたときだという．彗星は凶事をもたらすものとして，統治者の命令で天空が監視されていた．

歴史書『史記』には，春秋戦国時代の彗星出現が記録されているが，これは古代ギリシャのアリストテレス（BC384-BC322）が書き記した彗星と同じものらしい．ただしアリストテレスは彗星を大気中の現象と捉えており，ヨーロッパではその考え方が長く伝承されていた．

2 科学の時代へ

ヨーロッパで彗星が天体と認識されたのは，16世紀にティコ・ブラーエ（1546-1601）が肉眼の観測で証明してからだ．1577年の大彗星で，650km離れたバルト海ヴェーン島とプラハ2地点の測定位置を比較し，視差がほとんど見られないことから，月よりも遠くに位置することを知った．

ヨハネス・ケプラー（1571-1630）は，ブラーエの観測データを整理し，惑星の運行を3法則にまとめた（**ケプラーの法則**）．楕円とした惑星軌道とは異なり，彗星軌道を直線で考えた．

万有引力や微積分法，反射望遠鏡などの光学分野でも名高いアイザック・ニュートン（1643-1727）は，1687年『自然哲学の数学的諸原理（プリンキピア）』を発表した．質量，慣性，運動量などを定義し，絶対的空間の概念を説明し，運動の3法則と万有引力について述べた．数学を用いたニュートン力学（古典力学）が創始され，経験則だったケプラーの法則は力学的に説明された．軌道が円と楕円の他に，放物線，双曲線になることを示したのもニュートンだ．

1705年にエドモンド・ハレー[1]（1656-1742）は，ニュートン力学に基づく『彗星天文学概論』を発表した．1682年に自身が観測した彗星と，過去の大彗星の軌道の比較を行い，1531年，1607年，1682年に現れた彗星が同一の天体で，次は1758年に回帰することを予言した．彼はそれを待つことなく85歳で亡くなったが，予言のとおりに発見されてハレー彗星 Halley's Comet, 1P/Halley と呼ばれるようになった．このことから，彗星が周期的に現れることが明らかになり，太陽系天体としての彗星天文学がスタートした．

エンケ彗星 2P/Encke は，1786年にピエール・メシャンらが発見した 1786 B1，1795年のカロライン・ハーシェルによる 1795 V1，1805年の彗星 1805 U1，そして1818年にはジャン＝ルイ・ポンスが発見した 1818 W1，これら4つの彗星を，ヨハン・エンケ（1791-1865）が軌道から同定し3.3年周期を求めた．その計算どおり，1822年に彗星が現れ，現在も観測が続いている．

軌道計算は，1772年のジョゼフ＝ルイ・ラグランジュ（1736-1813）の論文以降，惑星の引力の影響（摂動）が考慮されて，精緻になっていた．レオンハルト・オイラー（1707-1783），ピエール＝シモン・ラプラス（1749-1827），ハインリッヒ・オルバース（1758-1840），カール・フリード

---

[1]原音は「ハリー」に近いが，本書では日本学術振興会『文部科学省 学術用語集 天文学編』（増訂版），丸善，1994 及び「天文学辞典（日本天文学会）』https://astro-dic.jp/comet-halley/ に従い「ハレー」に統一して表記する．他も人名等のカナ表記は同様とした．

リッヒ・ガウス(1777-1855)といった錚々(そうそう)たる数学者たちが，その発展を支えた．

3 本質に迫る取り組み

17世紀に望遠鏡が発明されると，彗星の発見や研究は，その発達に従って進展した（図2-1）．

望遠鏡で最初に発見された彗星は，1680年にゴットフリード・キルヒ(1639-1710)が発見したキルヒ彗星 C/1680 V1（Kirch）だ．1681年にかけて大彗星となり，ニュートンがケプラーの法則を検証するのに用いた．

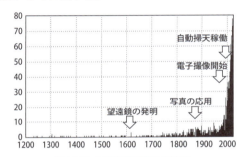

【図2-1】年間彗星発見数の推移
（1200-2023年，SOHO及び通し番号の付いた周期彗星を除く）

やがて，新彗星発見を目指して，星空を掃くように探していく掃天が行われるようになった．18世紀後半に活躍したシャルル・メシエ(1730-1817)は，初期のコメットハンター（彗星捜索者）の一人だ．生涯に13彗星を発見したが，その過程で彗星と見間違えやすい天体を，有名な「メシエ・カタログ」にまとめた．

19世紀に入ると，1811年の大彗星 C/1811 F1，ハレー彗星 1P/Halley，ビーラ彗星 3D/Biela など，当時出現したさまざまな彗星の詳細な構造が望遠鏡を用いてスケッチされるようになった．

1835年のハレー彗星では，フリードリッヒ・ベッセル(1784-1846)がケーニヒスベルク天文台の高倍率観測で，太陽方向に伸びてすぐ反対向きに曲がる筋状の構造を見つけ，彗星の尾が太陽の斥力でなびく理論を発表した．その後，1871年のジェームズ・マクスウェル(1831-1879)による理論的な予測を経て，1900年にピョートル・レベデフ(1866-1912)が斥力候補だった光圧

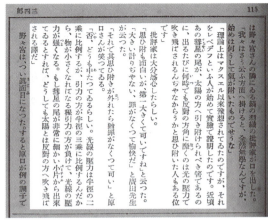

【図2-2】当時の夏目漱石『三四郎』(1908年)の正確な描写
（『明治大正文學全集』第十七巻，春陽堂，1928年，p.115)

（放射圧）の実在を実験で確かめた（図2-2）．

19世紀には最初の分光観測も行われた．太陽スペクトルのフラウンホーファー線（暗線，成因がわかって吸収線とよぶ，p.11参照）で有名なジョセフ・フラウンホーファー(1787-1826)は，ガラスから自作したプリズム分光器（p.10参照）で彗星スペクトルを観察し，輝線が含まれていることを発見した．

写真が発明されたのも19世紀だ．光に反応するハロゲン化銀乳剤をガラス板に塗った乾板は，19世紀後半には改良が進み，天体観測に応用されるようになった．初めて撮影された彗星は，1858年のドナーティ彗星 C/1858 L1（Donati）だ．1910年のハレー彗星は世界各地の天文台で撮影され，明治43（1910）年2月12日から13日には，麻布にあった東京天文台（現在の国立天文台）で撮影に成功したことも報道された（図2-3）．

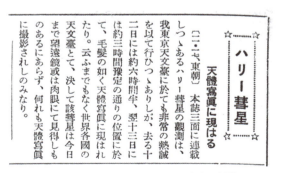

【図2-3】ハレー彗星の撮影成功を伝える新聞
（『新聞集成明治編年史』第十四巻，林泉社，1940年，p.171，国立国会図書館デジタルコレクション https://dl.ndl.go.jp/pid/1920445)

この時のハレー彗星は，太陽と地球の間を通過し，5月19日には太陽面通過が起きている．当時は，分光観測から彗星にシアン（CN）があることがわかっていた．そうした物質の付着した石粒が，まるで球状星団のように集まっているのが彗星だと考えられていた．太陽面通過の頃は地球が尾の中に入るため，青酸（HCN）ガスで人類滅亡の流言飛語もあった．太陽面通過に合わせて観測が試みられたが，快晴にも関わらず何も見えなかったことが翌日の新聞に掲載された（図2-4）．

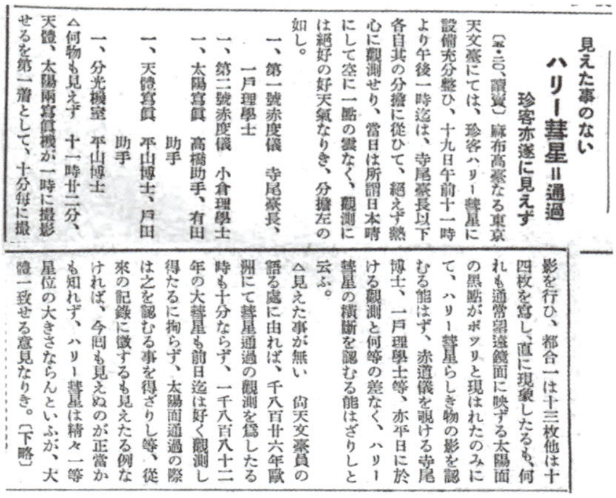

【図2-4】ハレー彗星の太陽面通過観測を報じる新聞
（『新聞集成明治編年史』第十四巻，林泉社，1940年，p.254-255，国立国会図書館デジタルコレクション
https://dl.ndl.go.jp/pid/1920445）

　分光や写真が観測に用いられるようになると，研究は飛躍的に加速した．1950年，フレッド・ホイップル（1906-2004）は観測事実を総合し，エンケ彗星2P/Encke の非重力効果（重力だけでは説明できない加速度，p.22参照）を説明する仮説として，揮発性物質の放出を想定し，彗星には水の氷を主成分とする中心核があるはずだと考えた．「汚れた雪玉説」という．
　同じ1950年，ヤン・ヘンドリック・オールトは，太陽地球間の5万〜15万倍の距離で太陽系を取り囲む，彗星の巣があるとする軌道計算を公表した（p.6参照）．「オールトの雲」という．
　1968年，マイケル・フィンソンとロナルド・プロブステイン（1928-2021）は放射圧による尾の理論を緻密化し，アラン・ローラン彗星 C/1956 R1（Arend-Roland）の写真に適用して，輝度分布シミュレーションの先駆けとなった．
　その後の彗星天文学は，これらの理論を基礎として，ゾデネク・セカニナ（1936-）やブライアン・マースデン（1937-2010）ら多くの研究者の精力的な取り組みによって発展した．
　20世紀後期以降，写真技術がデジタル化されたことで，研究の進捗は更に加速している．

 ## 4 日本人コメットハンターの活躍

　彗星の名に日本人名は数多い．その最初は1931年，茨城県出身の日系アメリカ人長田政二（1887-1938）の発見した長田彗星 C/1931 O1（Nagata）だ．
　1940年，日本人名として4人目の岡林・本田彗星 C/1940 S1（Okabayasi-Honda）の第2発見者，本田實（1913-1990）は生涯に12彗星を発見し，メシエの発見数に迫った．その先駆的な活躍と，関勉（1930-）と池谷薫（1943-）の池谷・関彗星 C/1965 S1（Ikeya-Seki）に代表される発見レースは，彼らに憧れ後に続いたアマチュア天文家たちの名前が彗星に付けられるきっかけになった．
　日本人名が付いた彗星は，2023年8月に西村栄男（1949-）が発見した西村彗星 C/2023 P1（Nishimura）までで，計76ある．

 ## 5 彗星の命名法

　IAU（国際天文学連合）の規則で，新彗星は発見者名が付けられる唯一の天体だ．独立に発見した3人までだが，SNSなどが発達した現在は2人以内が推奨されている．
　同じ名があると識別困難なので符号と合わせて命名される．1995年から実施された現行規則で，池谷・関彗星はC/1965 S1(Ikeya-Seki)だ．これは6つの要素で組み立てられている（図2-5）．

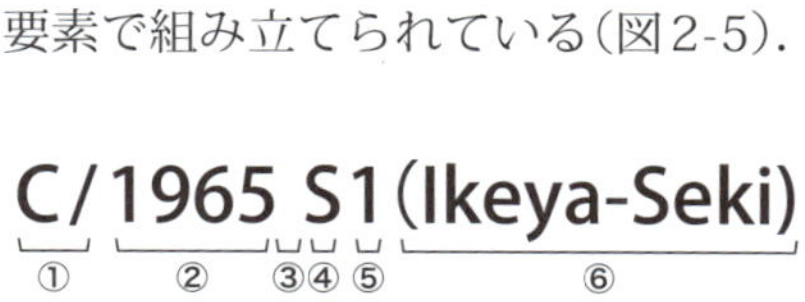

C/1965 S1(Ikeya-Seki)
① ② ③④⑤ ⑥

【図2-5】彗星の名称の要素

① 彗星の符号

C/ 彗星（comet）を意味する

P/ 周期彗星（periodic comet）と判明した場合

　　例：P/2010 V1（Ikeya-Murakami）

D/ もはや存在しないか，消滅したと考えられる周期彗星

　　例：D/1993 F2（Shoemaker-Levy）

X/ 軌道が求まらなかった彗星

　　例：X/1106 C1

I/ 星間（interstellar）からの飛来が確実な場合

　　例：1I/2017（'Oumuamua），
　　　　2I/2019（Borisov）

その性質に応じて，小惑星（asteroid）を意味するA/2017 U1（'Oumuamua）や，彗星を意味するC/2019 Q4（Borisov）も使われる．

次のいずれかの条件を満たした周期彗星は，P/の前の通し番号（例：1P/Halley，2P/Encke，……）で識別される．

　1）2回目の回帰が観測された
　2）遠日点に達するまで観測された（軌道上のどこにいても観測できる）
　3）4回の衝が観測されたケンタウルス族彗星

彗星核がいくつかに分裂した場合，符号の末尾に -A，-B，…が付加される．1文字で不足したら続けて -AA，-AB，…，-BA，-BB，…と付ける．

　　例：C/2001 A2-B，
　　　　73P-BY/Schwassmann-Wachmann

② 発見年を西暦4桁で表した数字
③ 空白文字
④ 発見された月を示すアルファベット

　月を前半と後半に分け，1月上旬から A，B，Cと続き，12月末の Y で終わる．I は間違いやすいので用いない（表2-1）．

【表2-1】　彗星の発見時期を示すアルファベット

月	1	2	3	4	5	6	7	8	9	10	11	12
前半（1〜15日）	A	C	E	G	J	L	N	P	R	T	V	X
後半（16日以降）	B	D	F	H	K	M	O	Q	S	U	W	Y

⑤ ④で区切った期間内で，発見された順番を示す数字
⑥ 発見者名，原則として姓

1994年以前に発見された彗星は，旧規則の符号（池谷・関彗星なら 1965f という仮符号と，1965 VIII という確定符号）ももつので，古い文献を参照する場合には注意が必要だ．

彗星も含めて，IAU の天体命名に関する情報は次にある．

https://www.iau.org/public/themes/naming/

 ## 最近の発見事情

IRAS・荒貴・オルコック彗星 C/1983 H1（IRAS-Araki-Alcock）やハートレー・IRAS彗星 161P/Hartley-IRAS などのIRAS（アイラス）は人名ではない．1983年に打ち上げられた赤外線天文衛星の名だ．10カ月ほどの運用期間に6彗星を発見し，初めて人名に肩を並べた．

最近の彗星名によく聞く SOHO（ソーホー）は 1995年に打ち上げられた太陽・太陽圏観測衛星で，主にサングレイザー（p.23参照）を2024年3月25日までに5000個も発見した．LINEAR（リニア），NEAT（ニート），Pan-STARRS（パンスターズ），ISON（アイソン），ZTF（ズィーティーエフ）などはサーベイ（掃天）システムだ．今では，衛星名やサーベイシステム名の新彗星が大半となった．人名が付けられる彗星は，寂しいが今後より少なくなるだろう．

彗星名によく出てくる宇宙機や観測装置，掃天プロジェクト名の一覧	
IRAS	Infrared Astronomical Satellite（赤外線天文衛星）
SOHO	Solar and Heliospheric Observatory（太陽・太陽圏天文台）
SWAN	Solar Wind Anisotropies（太陽風異方性，SOHO搭載の観測機器）
LINEAR	Lincoln Near Earth Asteroid Research（リンカーン地球近傍小惑星探索）
NEAT	Near Earth Asteroid Tracking（地球近傍小惑星追跡）
Pan-STARRS	Panoramic Survey Telescope and Rapid Response System（広視野掃天望遠鏡・迅速対応システム）
ISON	International Scientific Optical Network（国際科学光学ネットワーク）
ZTF	Zwicky Transient Facility（ツヴィッキー突発天体観測施設）

彗星の特徴(1) 軌道

天体の通り道を軌道とよぶ．軌道は天体相互の力のつり合いで決まる．彗星が他の太陽系天体と異なる点は，軌道が長細いことだ．太陽からの距離も大きく変わる．彗星観測のためには，その軌道の特徴や運動のようすを理解しておきたい．

1 ケプラーの法則

惑星の運動には3つの法則性があることを，17世紀にヨハネス・ケプラーが発見した(p.16参照)．彗星もこの法則に従って運動するので，文中の惑星は彗星と読み替えることもできる．

・**ケプラーの第1法則**（楕円軌道の法則）

惑星は太陽を1つの焦点とする楕円軌道を公転する（図2-6）．太陽にもっとも近づく**近日点**，遠ざかる**遠日点**、その各点から太陽までの距離を**近日点距離**q, **遠日点距離**Qという．**軌道長半径**（楕円の中心から最も長い半径）aは，$a = (q + Q)/2$だ．短半径bを用いて，楕円の歪み具合を示す**離心率**eは次のとおりに表される．

$$e = \frac{\sqrt{a^2 - b^2}}{a}$$

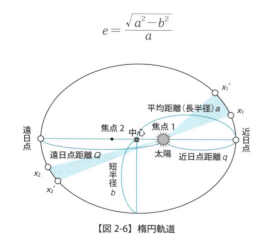

【図2-6】楕円軌道

軌道の形は円錐の切り口で考えるとイメージしやすい（図2-7）．$e = 0$が真円，$0 < e < 1$が楕円，$e = 1$が放物線，$e > 1$が双曲線となる．地球のeは0.0167で，ハレー彗星 1P/Halley は0.968だ．彗星は離心率が大きい，つまり楕円の歪み具合が大きく，軌道が長細いという特徴をもつ．

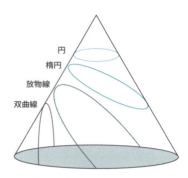

【図2-7】軌道の形と円錐曲線

彗星が発見されると，3回以上の観測位置から，とりあえず**放物線軌道**が計算される．これは再び戻ってこないことを意味するが，観測が増えると**楕円軌道**が確定し，遠いものだとオールトの雲（p.6参照）あたりが遠日点となることが多い．**双曲線軌道**は太陽系外（星間）からの飛来を意味する．いくつかの彗星で可能性が指摘されてきたが，実際に2017年，初めて確実に太陽系外から飛来した天体が発見された（p.56参照）．

近日点距離q，遠日点距離Qと，軌道長半径a，離心率eの関係は次のとおりだ．

$$q = a - ae = a(1 - e)$$
$$Q = a + ae = a(1 + e)$$

軌道カタログにはqとeが掲載されている．ハレー彗星のqは0.575 au（天文単位）なので，先に述べた$e = 0.968$と合わせて，この式から$a = 18.0$ au, $Q = 35.4$ auが求められる．

・**ケプラーの第2法則**（面積速度一定の法則）

太陽と惑星を結ぶ線（**動径**）が一定時間に描く面積（面積速度）は等しい．惑星が一定時間に，x_1からx_1'，およびx_2からx_2'へ動くとき，太陽を中

心にして描かれる2つの扇形の面積は等しくなる．一定時間の動きは速度なので，x_1，x_2における軌道速度をv_1，v_2，太陽からの距離（**日心距離**）をr_1，r_2とすると，

$$v_1 \cdot r_1 = v_2 \cdot r_2$$

が成り立つ．

「彗星のごとく現れて，彗星のごとく去る」ことは，これで説明できる．とりわけ長細い軌道をもつ彗星は，太陽からの距離が遠いとゆっくり運動するが，太陽に接近して明るくなる頃には，猛スピードで駆け抜けていく．

・ケプラーの第3法則（調和の法則）

惑星の公転周期の2乗は軌道長半径の3乗に比例する．太陽系の惑星は平均距離をau，公転周期を年で表せば，この比が1だ（図2-8）．

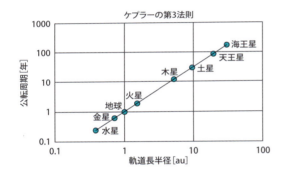

【図 2-8】惑星の軌道長半径と公転周期の関係
（国立天文台）

なぜ2乗と3乗になるのかはニュートンが万有引力で証明した[2]．太陽と惑星の引力Fは，各質量Mとmに比例し，距離rの2乗に反比例するので，

$$F = G \cdot Mm/r^2$$

（**万有引力の法則**，Gは万有引力定数）

半径rで周期Pの等速円運動を考えると，加速度$A = r(2\pi/P)^2$なので，質量mの遠心力$F' = mA$と万有引力Fがつりあっていることから$m \cdot r(2\pi/P)^2 = G \cdot Mm/r^2$として，整理をすれば，

$$r^3/P^2 = G \cdot M/4\pi^2 = 一定$$

（ケプラーの第3法則）

が求まる．彗星の長細い楕円軌道の場合も$r = a$として，周期Pはこの関係から求められる．$a^3/P^2 = 1$なので，

$$P = a\sqrt{a} \quad 第1法則より a = q/(1-e)$$

2 軌道要素

軌道の①歪み具合，②大きさ，空間的な③方向と④傾き，⑤近日点の向き，⑥ある時刻における天体の位置を示すため，**軌道要素**という6つのパラメータが用いられる（図2-9）．

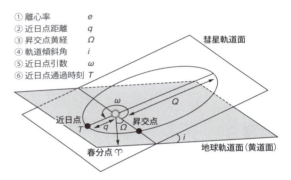

【図 2-9】軌道要素

先に述べた，①離心率e，②近日点距離qに加え，その軌道面を表す基準として地球の軌道平面（黄道面）をとる．

黄道面上で，春分の日の太陽方向を経度（**黄経**）の原点（**春分点**）とする．春分点から，軌道の存在する平面が黄道面と交わる方向までの黄道面上の経度差を③昇交点黄経Ω（オメガ）という．黄道面と交わるのは180°異なる二方向に存在するが，そのうち黄道面を南から北へ通過する**昇交点**方向を使用する（逆は**降交点**）．

また，黄道面と軌道面のなす角度を④軌道傾斜角iとする．この③，④の量で軌道面が定まる．

さらに，昇交点から軌道上を近日点まで測った角度を⑤近日点引数ω（オメガ）として，軌道面上における

---

[2] 実際の証明方法は，小出昭一郎『物理と微積分』共立出版，1981，p.65-71などを参照．

軌道の向きを定める．

これら③，④，⑤の量は軌道要素の中でも**角度要素**という．ここまで5つの数値で軌道の空間的な位置が決まる．その軌道上の位置を知るため，彗星の場合は⑥近日点通過時刻 T を用いる．

地球の公転と同じ向きに公転する彗星は**順行彗星**，逆向きのものは**逆行彗星**とよぶ．

軌道要素を用いて，ある特定の観測地から見た天体の天球面上の座標を計算することを**位置推算**という．観測時刻における位置推算をすれば，彗星が見える位置（座標）を知ることができる．

いろいろな彗星の軌道を，さまざまな方向から立体的に見られる次のようなサイトを使うと，空間的な関係を把握しやすい．

・NASA Orbit Viewer
https://ssd.jpl.nasa.gov/tools/orbit_viewer.html

模型を作ると一層理解が進む．軌道要素をさまざまな彗星に変えて，ペーパークラフトの型紙が作れる（Web☞軌道模型を作ろう）．

③ 太陽以外の力

軌道要素は他の天体の引力の影響で刻々変化する．太陽が圧倒的に支配しているとはいえ，木星軌道などに近づく彗星の場合は，その影響を無視できない．太陽以外の天体による重力の影響を**摂動**という．摂動がある場合，定数である軌道要素は時間ともに変化する．そのため，ある時刻における瞬間の軌道要素を**接触軌道要素**とよび，その瞬間の時刻（**Epoch**）を軌道要素に併せて示す．

一方，こうした惑星による摂動を考慮しても，なお実際の彗星軌道との間には差が生じる．ガスやダストが非等方的に放出され，その反作用を核が受けるロケット効果によるものだ．この効果は，他の要因によるものも含めて**非重力効果**とよばれている．周期彗星では，この非重力効果のパラメータを位置推算に取り入れるのが普通だ．非重力効果は彗星軌道に対する3方向の成分（A1：動径方向，A2：進行方向，A3：垂直方向）で表し，単位

は主に 10^{-8} au/(day)^2 が用いられる（図2-10）．

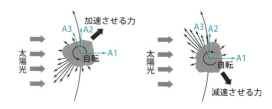

【図 2-10】非重力効果のパラメータ
（A3 は紙面に垂直）

④ 軌道の分類

彗星は歴史的に長周期彗星（≧200年）と短周期彗星（＜200年）に分類されてきた．2023年末現在，西暦を用いた符号（p.19参照）をもつ有史以来の4075個の彗星では，周期を計算できるものに限定されるが短周期彗星は412個しかない．一方で確定の通し番号が付いた472個の周期彗星では，長周期が2例に過ぎず，470個は短周期だ．しかし，同じ短周期彗星であっても，エンケ彗星 2P/Encke のようにごく短い周期（3.3年）から，ハレー彗星 1P/Halley のような長めの周期（76年）まで，大きな隔たりがある．そこで，黄道面付近に存在して軌道傾斜角が小さな彗星と，黄道面に束縛されず逆行しているハレーのような彗星を区別して，前者を**黄道彗星**（Ecliptic Comets；**EC**），後者を**等方的彗星**（Nearly Isotropic Comets；**NIC**）とよび，更に**木星族彗星**（Jupiter-Family Comets；**JFC**）や**ハレー型彗星**

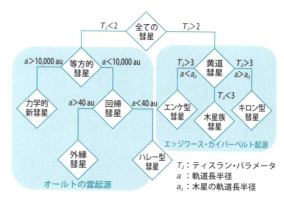

【図 2-11】Levison（1997）による軌道分類
(Levison, H. F., Comet Taxonomy, *Completing the Inventory of the Solar System*, ASP Conference Series, Vol.107, 1996を参考に作成)

(Halley Type Comets；**HTC**)などと細かく分類するのが主流になってきている(図2-11)．

この分類法に使われるのが**ティスラン・パラメータ**T_Jだ．彗星などの小天体の軌道長半径aと，傾斜角i，離心率e，大きな摂動を及ぼす木星の軌道長半径a_J，離心率e_J，軌道傾斜角i_Jから計算される．

$$T_J = \frac{a_J}{a} + 2\cos i \sqrt{\left(\frac{a}{a_J}\right)(1-e^2)}$$

これは，1889年にフランソワ・ティスラン(1845-1896)が，彗星軌道への木星の影響を評価するために考案した**ティスランの判定式**によるものだ．

5 軌道進化と軌道の群

長周期彗星は放物線軌道に近く(eが1に近く)，その遠日点は数千auから数万auという遠方のものが多い．また短周期彗星と違って，基本的に軌道は黄道面とほとんど無関係だ．オールトの雲から内部太陽系へ落ちてくるので**オールト彗星**(Oort Comets)ともよばれる．こうした彗星の軌道の特徴からは，惑星の重力で飛ばされたこと(**重力散乱**)，氷の温度条件からは木星軌道以遠で誕生したことが推定される．

太陽系の初期には，惑星形成の残存物であるガスや微惑星との相互作用により，惑星軌道の進化(惑星移動)があったと考えられている(図2-12)．質量の大きな惑星の軌道が移動すると，微惑星の軌道は大きく変化する．数値シミュレーションによる研究が進められており，**エッジワース・カイパーベルト天体**(p.6)は現在の天王星や海王星軌道のあたりから，より外縁部へと移動をした微惑星らしい．それよりも内側で，木星や土星軌道あたりにあった微惑星が，1000 auをはるかに超えてオールトの雲まで飛ばされたようだ．

これらのことから，力学的な計算と同時に彗星の組成比や同位体比などを求めることが重要な課題となっている．太陽系の初期状態を知る上で，彗星はあらゆる面から貴重な，生きた化石のような**始原天体**，太陽系のタイムカプセルなのだ．

太陽系外縁部のエッジワース・カイパーベルトから，軌道を変えながら短周期彗星へ進化している途中の彗星がある．一方，放物線軌道に近い彗星から，惑星に接近したことで軌道が変わり，ハレー型彗星になったものも存在する．加えて，短周期彗星がオールトの雲に放り出されるという説もあり，彗星の軌道進化は今も起きている．

さまざまな彗星の軌道要素を数多く集めれば，統計的な分析が可能になる．よく似た軌道をもつグループ(**群**)の存在が知られていて，その一つにハインリヒ・クロイツ(1854-1907)が19世紀の終わりに発見した**クロイツ群**がある．この群には，池谷・関彗星 C/1965 S1 (Ikeya-Seki)やラヴジョイ彗星 C/2011 W3 (Lovejoy)が属しており，いずれも1106年に太陽に接近をした大彗星 X/1106 C1 が分裂した破片だと考えられている．クロイツ群の特徴は近日点距離が0.01 au未満と非常に小さいことだ．太陽半径はおよそ0.005 auであるから，まさに太陽をかすめるような軌道だ．

こうした彗星はクロイツ群の他にもあり，まとめて**サングレイザー**(SungrazersまたはSun grazing comets：太陽をかすめる彗星群)とよんでいる．**マイヤー群**，**マースデン群**などの存在が知られている．

一つの彗星から分裂した彗星が次々と太陽に接近するとき，その振る舞いはどれも似ているのか，彗星核の構造を探る上でも興味は尽きない．

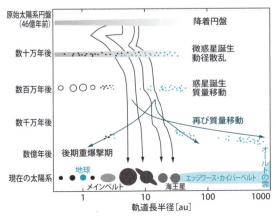

【図2-12】惑星移動と小天体の歴史の模式図

彗星の特徴（2）形状

彗星の形状は多種多様だ．彗星による違いはもとより，同じ彗星でも，時によって全く違った姿を見せる．これは，彗星を観測する際の難しさにもつながるが，何が起こるのか，どのような姿を見せるのかわからないという魅力でもある．

1 小さな核

彗星の本体は氷の塊（**彗星核**）だ（p.7参照）．それを見抜いたホイップルの論文（p.18参照）から，汚れた雪玉（Dirty Snowball）と称される．水（H_2O）が8割程度，他に一酸化炭素（CO）や二酸化炭素（CO_2）の氷が主成分だ（p.30参照）．このような**揮発性物質**の氷に，主に**ケイ酸塩鉱物**のダスト（塵）が大量に含まれている．

彗星核は，個別に名が付けられる天体としては，小惑星と並んで最小の**小天体**だ．ハレー彗星 1P/Halley でさえおよそ $15×8×8$ km．長軸でも富士山の高さの4倍ほどしかない．たいていの核は，せいぜい数kmあるかないか（図2-13），これを1 auの距離から見ると，大阪に置いた10円玉を東京から眺めたのと同じか，更に小さい．

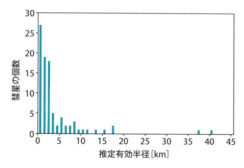

【図2-13】核の大きさの分布

大口径望遠鏡を用いて，コマ形成以前の**裸の核**を狙った観測を除いて，望遠鏡で見える核のような輝点は，ほとんどが実際の核ではない．核近傍に広がるガスやダストの濃い部分を見ている．彗星が明るく観測される頃には，濃くなったそのベールに核が覆われて隠されてしまうのだ．

回帰するたびに太陽に近づく核からは，距離に応じて揮発性物質が**昇華**（固体から液体を経ずに気体になる）し，宇宙空間に散逸していく．したがって，しだいに揮発性物質が少なくなっていく進化をたどる．

ダストも一緒に放出されて失われる．その一部は核の微小重力に引き戻されて数cm〜数十cm程の厚さに降り積もり，表層構造の**ダストマントル**を形成すると考えられるが，いずれにせよ核の質量は失われてゆく運命だ．核が分裂したり，崩壊したりすることさえある（図2-14）．

【図2-14】アトラス彗星 C/2019 Y4（ATLAS）の核の崩壊
（ハッブル宇宙望遠鏡による，左：2020年4月20日，右：2020年4月23日，NASA, ESA）

ダストマントルの発達した短周期彗星では，その空隙率により表層の断熱効果が高くなる．場所による発達の違いで，ガスやダストの放出が不均一になるので，活発な部分を**活動領域**（アクティブ・リージョン，アクティブ・エリア，アクティブ・スポット）とよんでいる（図2-15）．活動領域の存在は，そこから**核近傍**へ噴き出すガスやダストの流れ（**ジェット**）などから推定される．

こうした定常的な放出以外に**アウトバースト**とよばれる突発的な放出も発生する（口絵写真，図2-18）．核内部の浸食と崩落が原因とする説や，**アモルファス**（非晶質）の氷が**クリスタル**（結晶質）に相転移して発生するという説，天体衝突などさまざまなケースがあるため詳細は不明だが，核は全ての彗星活動の根源となっている．

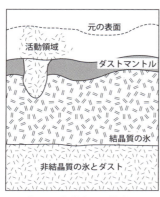

【図 2-15】核断面の模式図
（COMETS II を参考に作成）

その内部については，まだ分からないことが多い．小惑星に似た**ラブルパイル**（瓦礫の集積体：衝突で破砕した母天体の岩塊が再集積して形成された）構造か，**ペブルパイル**（小石の集積体：分子雲から成長したペブルが集積して形成された）構造か，均一なのか不均一なのか，鉛直方向に異なる構造をもつのかなど，さまざまな説が提出されてきた（図 2-16）．

【図 2-16】ラブルパイル構造（左）と
ペブルパイル構造（右）の模式図

彗星核は，太陽や惑星などに比べれば取るに足らない小さな存在だ．そんな氷のかたまりがひとたび太陽に接近すると，巨大なコマをつくり，時に太陽を超えるスケールになる．その変化は，実に 1 億倍以上になる．

 巨大なコマ

噴き出したガスやダストは，核の周囲に希薄な大気の**コマ**を形成する（p.7 参照）．望遠鏡で見ると，ぼんやりと広がる光のかたまりのようだ．その直径は彗星によって異なり，同じ彗星でも太陽からの距離（日心距離）によって大きく変化する．また，外側へ行くにしたがって徐々に薄くなった

り，変形して尾になっていたりと，境界を明確にすることは難しい．コマ周辺の構造は，尾と区別するために頭部とよばれる．コマは髪の毛を意味するギリシャ語に由来する．

日心距離 1 au にあるとき，コマの直径は 10 万 km 程度とされる．地球の直径は 1.3 万 km なのでおよそ 10 倍だ．数 100 万 km に達することもある．発達した彗星の周囲には水素ガスのコマ（**水素コロナ**）が広がる（図 2-17）．地球大気に吸収される紫外線で輝いているため，宇宙空間からしか観測できないが，直径 1000 万 km を超えた例がある．ホームズ彗星 17P/Holmes の 2007 年のアウトバースト（図 2-18）では，可視域でも見える散乱光（p.12 参照）のダストコマが，太陽直径よりも大きく広がり，一時的とはいえ太陽系最大の天体になった（口絵写真）．

【図 2-17】彗星の水素コロナと太陽の比較
SWAN によるヘール・ボップ彗星 C/1995 O1 （Hale-Bopp）の紫外線観測．中心に同一スケールで方向を合わせた可視域の画像と，右下が比較のための太陽の大きさ（Main image: SOHO（ESA & NASA）and SWAN Consortium Inset photo of comet: Dennis di Cicco and Sky & Telescope）．

コマの構造はガスとダストで異なり，ガスの分子種による違いもある．ガスの分子は光解離や光電離といった紫外線の作用で，核からの距離を進むにつれてラジカルやイオンに変化する．変化するまでに進む距離を**スケール長**（スケール・レングス）とよぶ．スケール長は分子種や日心距離によって異なるが，基本的にガスは等方的に広がるので，ガスのコマは核を取り囲む球殻状の構造をもつ．その主成分は電気を帯びていない中性ラジカルで，**炭素二量体**（C_2），**シアン**（CN）などだ．コマの密度は小さく，背景の恒星が透けて見えるほど

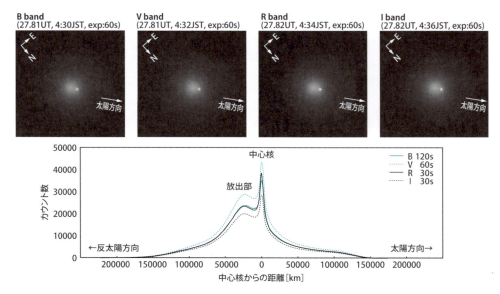

【図2-18】ホームズ彗星 17P/Holmes の2007年のアウトバースト
発生3日後の観測（姫路市「星の子館」90 cm 反射望遠鏡 14320 mm 撮影），11日後は口絵写真参照

に希薄だ．

ガス流に押し出されたダストは，放出されたときの初速度や方向，核の微小な重力，そして太陽重力と反太陽方向に働く放射圧によって運動が支配される．

ダストは放出時の核の自転や活動領域の経緯度による日照変化などの影響も受けて，さまざまな形状をつくり出す．核の自転につれてスプリンクラーのように螺旋形（**スパイラルジェット**）を描いたり，コマ全体の形が自転軸方向を中心とする**扇型コマ**（ファンシェープト・コマ）を形成する．放出量の変化に伴い形状も変化するし，視線方向の変化も加わって，実に多様な形状となる（図2-19）．

ダストはサイズによって放射圧の働く強さが変わるので，強く働く小さな（μm前後）ダストほど速く反太陽方向へ飛ばされていく．その流線の立体的な構造や視線方向の奥行きに応じて，放物線状の**エンベロープ**（図2-20，図2-21）など，さまざまな頭部の形状が形成される．

放射圧が働きにくい大きな（mm前後）ダストは，それほど反太陽方向に飛ばされないので，軌道に沿って分布し，ダストトレイル（図2-22）を

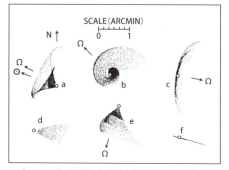

【図2-19】核近傍のダスト放出現象の見え方
（Sekanina, 1987 より）

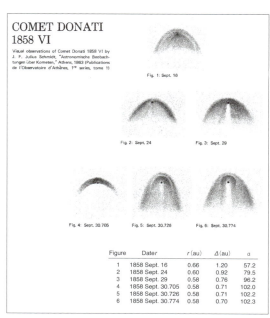

【図2-20】エンベロープのスケッチによる19世紀の観測例
（"Atlas of Cometary Forms", NASA, 1969 より改変）

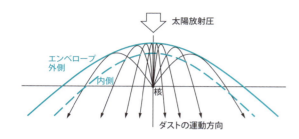

【図 2-21】エンベロープの成因
日照を受ける太陽側から放出されたダストが，放射圧で反太陽方向に押し流されて形成される．

【図 2-22】シュバスマン・バハマン第 3 彗星
73P/Schwassmann-Wachmann のダストトレイル
（スピッツァー宇宙望遠鏡 撮影，NASA/JPL-Caltech）

形成する．流星群の源だ（p.38参照）．放出後のダストは，摂動や放射圧の影響を除けば，基本的にはケプラーの法則（p.20参照）に従った運動をしている．

3 尾（テイル）

イオン化したガスは電気を帯びているので，秒速数百kmの太陽風（太陽からの荷電粒子の流れ）で到達する**磁力線**に沿って運動し，**プラズマテイル（イオンテイル）**を形成する（p.142参照）．幅の狭い直線的な尾だ．太陽風とコマのガスが衝突する境界面を**ボウショック**とよぶ．太陽風の粒子や磁力線の入り込まないコマの最内部領域（**反磁性空洞**）を除き，イオンは磁力線に沿って次々と引き出される（P.142，図4-90参照）．

ダストは放射圧で反太陽方向へ押され，**ダストテイル**を形成する．プラズマテイルに比べて幅が広く湾曲した尾となる．その形状は放射圧によるので，ダストの**サイズ分布**の推定などに利用する．

歴史的には，この2種類の尾が知られていたので，プラズマテイルを**タイプⅠ**，ダストテイルを**タイプⅡ**とよぶが，今では第3の尾，**中性原子**の**ナトリウムテイル**（p.140参照）なども発見されている．彗星の尾は反太陽方向の，主に彗星軌道面に近いところで，それぞれの物理法則に従って運動する粒子の空間的な分布によって形成される．

尾の長さに関する記録を紐解くと，クロイツ群（p.23参照）の1843年の大彗星 C/1843 D1 は，太陽に83万kmまで接近後，明け方の東天に現れたときには50°以上の長さの尾を伴っていた．これは実長に換算すると2.2 au（3億3千万km）に相当し，長らく最長記録だった．

ところが，その約150年後，百武彗星 C/1996 B2 (Hyakutake) が記録を更新した．最盛期は80°位までプラズマテイルが伸びた．幸運にも太陽探査機「ユリシーズ」がその中を通過し，少なくとも3.8 au（5億7千万km）に達していることが判明した．2023年末現在に至るまで，これを超える彗星は観測されていない．

プラズマテイルは太陽風との相互作用でさまざまな変化を引き起こす（p.143，図4-94参照）ため，ダストテイルと区別できるが，カラーで撮像すると，色の違いからも区別することができる．プラズマテイルは，一酸化炭素イオン（CO^+）や二酸化炭素イオン（CO_2^+）などからなるため，その発光は可視光で短波長の領域が中心だ．そのため，青みがかった尾として写る．まれには，水イオン（H_2O^+）の発光が認められ，赤色の尾が撮影される場合もある．ダストテイルは，太陽光の散乱光であるため，際立った色がわからず白色に近い．

時には，太陽方向に伸びる**アンチテイル**が見られることもあるが，それは太陽と彗星と地球の位置関係による見かけの現象だ（図2-23）．彗星の頭部方向から見たとき，ダストテイルの大きく湾曲した先端が空間的に回り込んで，太陽方向に伸

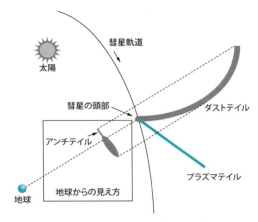

【図2-23】アンチテイルが見える理由

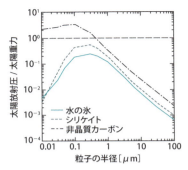

【図2-25】ダストの種類によるサイズと放射圧の関係
（向井正）

びているように見える．彗星の軌道面に地球が近く，頭部と尾を結ぶ方向に近い条件のときに見えやすい．

核の活動領域からの間欠泉的なダスト放出は，ダストテイルを枝分かれさせることがある．彗星頭部から伸びる**シンクロン**（同時刻に放出されたさまざまな放射圧を受けるダストが並ぶ曲線）に沿った形状を，**シンクロニックバンド**という（図2-24）．まるで伝説の九尾の狐のような尾だ．活動領域が太陽方向に向いたときにダストが放出されているとすると，シンクロニックバンドは自転や歳差などの核の回転周期を反映している．

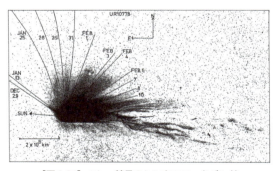

【図2-24】ハレー彗星のシンクロニックバンド
（C. M. Birkett, 1988）

シンクロンと同様に，**シンダイン**（同じ放射圧を受けるダストが異なる時刻に放出されて並ぶ曲線）を計算することもできる．放射圧はダストのサイズや種類に依存する（図2-25）ので，観測されたダストテイルと計算したシンダインを比較して放射圧が求まれば，ダストテイルを構成しているダストの性質を調べることができる．

ダストテイルを構成しているダストは，放出後の時間の経過と共に分裂崩壊することがある（図2-26）．放射圧の効き方が変わるので，ダストテイルの中に微細構造を生じ，シンクロンにもシンダインにも沿わない筋状の濃淡ができる．とりわけ近日点通過後に大きく広がったダストテイルでは，直線状の**ストリーエ**や流線形の**ストリーマ**が見られるときがある（図2-27，口絵写真）．なお，名称は研究者により若干の違いがあり，ストリーエのことをシンクロニックバンドとよぶこともあるので注意しよう．

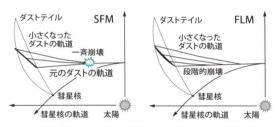

【図2-26】放出後のダスト崩壊による運動の変化の模式図
一斉崩壊モデル（SFM）と段階的崩壊モデル（FLM）

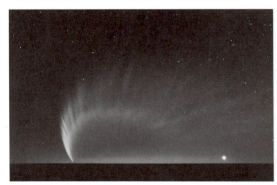

【図2-27】マクノート彗星 C/2006 P1（McNaught）
のダストテイルの微細構造 （S. Deiries/ESO）

ダストが起こす現象

ダストテイルを構成しているダストは，やがて尾として観測できないほど拡散していく．黄道面付近にはそうしたダストが数多く存在し，太陽光が散乱（p.12参照）されて，夜空の黄道光や対日照として観察される．ダストに働く放射圧は公転運動の影響で，動径方向（p.20参照）ばかりでなく進行方向からも受ける（**ポインティング・ロバートソン効果**，図2-28）ので，やがてダストは速度を失って太陽に落下していく．しかし，太陽に近づけば，蒸発や崩壊でサイズが縮み（＜0.1μm），再び放射圧が強く働くので，太陽系の外側へ向かう流れ（**βメテオロイド**）を形成する．この反転現象でダストが滞留しているあたりが太陽の**Fコロナ**で，太陽半径の数倍の距離に相当する（図2-29）．

こうした太陽系空間に存在するダストを総称して，**惑星間塵**（IDP）という．その一部は流星塵（図2-30）として地球にも静かに降り注ぐ．流星

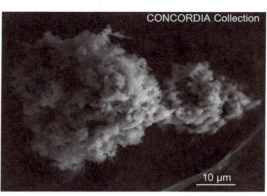

【図2-30】南極の雪から抽出された流星塵の顕微鏡写真
（©Duprat/Engrand CNRS）

や，火球として目撃される流星体や隕石落下とは別に，年間5000 tにも達するという説もある．核から放出されたダストは，彗星の形状を失った後も，太陽系の各所でさまざまな現象を引き起こしている．

彗星の衝突が引き起こす形状

彗星が他天体と引き起こす現象の中では，シューメーカー・レヴィ第9彗星 D/1993 F2 (Shoemaker-Levy) の木星衝突が非常に大規模だった．

木星の潮汐力で20個以上に分裂した彗星核が1994年7月17日から22日に次々と木星に衝突した．この現象は，中野主一による軌道計算で事前に予報され，世界各地の望遠鏡や探査機の観測装置が木星に向けられた．大規模な爆発に伴うプリューム（きのこ雲）や，木星面に巨大な黒い痕跡が捉えられた（口絵写真）．黒い痕跡は，小型望遠鏡でもよく見えて，その後1年間ほどにわたって観測された．これほどの現象を引き起こすこともあるのが彗星なのだ．

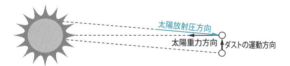

【図2-28】ポインティング・ロバートソン効果

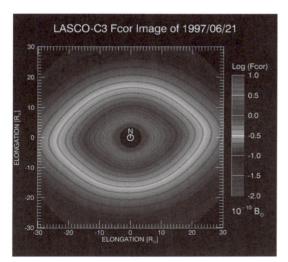

【図2-29】Fコロナ
（太陽観測衛星 SOHO/LASCO-C3, P. L. Lamy *et al.*, "Space Science Reviews", 2022, 218:53）

CHAPTER 2.4 彗星の特徴（3）組成

地球などの惑星は，星間物質をもとに形成された微惑星から誕生したが，その微惑星の一部が彗星として生き残っていると考えられている．彗星研究のゴールの一つは，始原的といわれる組成を明らかにすることだ．

1 組成を調べる方法

天体の組成は，どのように調べるのだろうか．手にとって触ってみる，試薬を入れてみる，粉々に砕いてみる，どれも不可能で難しい．はるか彼方の天体には直接手を下せない．探査機によるサンプルリターンは，限られた天体だ．

最も有力な手段は**分光観測**だ．原子，分子，イオンは，特別な波長の光を吸収，放出する．可視光線（図2-31）に限らず，紫外線，赤外線，電波などのあらゆる電磁波の観測から，組成に関する情報が得られる（p.14参照）．

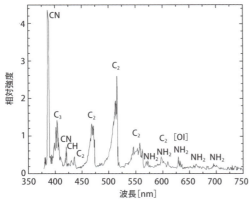

【図2-31】典型的な彗星コマのスペクトル

分光観測から組成が求まれば，そこに存在している原子や分子，イオンが特定できるばかりでなく，ある分子が，どのような化学反応で生まれるかを考えて，分子の寿命や発光効率などから，もととなる分子なども推定できるのだ．

2 核の組成

彗星核は氷とダストの寄せ集めだ．太陽系をつくった**分子雲**中には，直径0.1μmほどのケイ酸塩などの成分をもつダストの周りを，主に水（H_2O）を主体とする氷が覆った粒子が多量に存在していたと考えられている．約46億年前に**原始太陽系円盤**が形成されたとき，これらの氷とダストは集積し，直径10 kmほどの微惑星（プラネテシマル）とよばれるかたまりに成長したとされている．H_2Oの氷は火星軌道よりも内側では融けてしまうので，彗星のもとになった微惑星は太陽系の外側で集積したものと考えられている．

こうした形成過程は，アルマ望遠鏡（ALMA）による高解像度・高感度電波観測で，若い恒星を取り巻く原始惑星系円盤の詳細な構造が見えるようになり，研究が加速している（図2-32）．

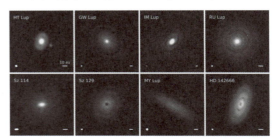

【図2-32】アルマ望遠鏡が捉えたさまざまな原始惑星系円盤（ALMA，Sean M. Andrews *et al.*, 2018）

3 コマの組成

彗星のコマに見られるガス成分は，太陽の光を受けて分解（**光解離**）した二次，三次生成物だ．分解前を親分子，二次生成物を娘分子，三次を孫娘分子とよんでいる．彗星本体の組成を考えるためには，ガス分子の分解過程を考える必要がある．この分子は，正確には**ラジカル**とよばれている．ラジカルとは，大気密度の高い地球の地表付近にはほとんど存在しない，反応性が高くて短寿命の

分子のことだ.

CN　シアノラジカル

彗星が遠くから近づいてくる際に，最初に可視光領域で顕著に見えるのが**CN**だ．比較的強い光を発するということは，比較的強く放射圧を受けるので，コマの分布は若干，球対称の形からずれていることが多い．CNの親分子は，ほぼ**HCN**だと考えられている．

$$HCN \rightarrow CN + H$$

HCNがCNの親分子とすれば，CNの生成率から，HCNの生成率が得られる．HCNは彗星核中に氷として存在していると考えられており，また，星間空間（分子雲中など）にも一般的に見られる分子だから，彗星の起源を化学的な観点から探る上で大変興味深い分子だ．電波観測からは，彗星ごとにHCNとH_2Oの比率はほぼ一定という結果が得られている．

C_2　炭素二量体

発見者名から**スワンバンド**とよばれる可視域スペクトルに特徴的なバンド（帯）スペクトルが，彗星では目立っている（図2-33）．CNと並んで多くの研究がある彗星分子の一つだ．C_2については，長く親分子が不明だったが，1996年に百武彗星 C/1996 B2 (Hyakutake) でC_2H_2, C_2H_6が発見されたことから，これらがC_2の親分子である可能性が高いとされている．特に有望なのはC_2H_2だ．

$$C_2H_2 \rightarrow C_2H + H \rightarrow C_2 + H + H$$

OH　ヒドロキシルラジカル

OHがH_2Oの主要な光解離生成物であることから，古くから，H_2Oの生成率を求めるために利用されてきた．H_2Oは彗星氷の主成分であり，彗星氷の成分比はH_2Oを分母にとって表すことからOHの観測は重要視されている．

$$H_2O \rightarrow OH + H$$

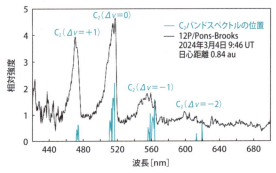

【図2-33】スワンバンド（C_2バンドスペクトル）の例 緑の文字の4つの部分を合わせてスワンバンドとよぶ．緑の線はNASA/Planetary Spectrum Generator（p.14参照）で計算したスワンバンド，黒線がポンス・ブルックス彗星 12P/Pons-Brooks の観測で縦軸目盛は黒線のみに有効．緑の文字の記号の意味など詳細についてはp.121参照．

C_3　炭素三量体

C_3は不飽和結合（炭素間に二重結合または三重結合を含む）分子で，このままの形で彗星核中に存在したとは思われない．C_3が何かの分子の光解離生成物であることは分かっているが，未だに該当する親分子は，はっきりしていない．C_3H_4やC_3H_2, C_3H_2Oという候補が考えられている．おそらく複数の親分子が関与している．

NH_2　アミノラジカルとNH

NH_2の親分子は長い間，NH_3だといわれてきたが，NH_3が直接確認されたのも百武彗星 C/1996 B2 (Hyakutake) だ．ハレー彗星 1P/Halley の探査機の観測でもNH_3の存在が示唆されていたが，NH_2の観測から推定した組成比との間に差があることから，NH_2の親分子がはっきりしなかった．1990年代のNH_2の研究は，NH_2の空間分布から親分子の寿命を求め，NH_3などの親分子候補の寿命と比較するというものが多かった．

$$NH_3 \rightarrow NH_2 + H \rightarrow NH + H + H$$

という光解離反応が起こっていることは，確実だろう．さらに娘分子NH_2が解離して孫娘分子**NH**が生まれている．

他にも，**CH**や**CS**といったラジカルの存在も知られているが，親分子が確定していない．

4 ダストの組成

彗星核に含まれるダストは，原始太陽系円盤の中で，分子が吸着したり合体成長を繰り返してできたものであり，ダストのサイズ分布，鉱物組成や鉱物の状態（結晶質か非晶質かなど），形状といった特徴にその時代の情報をもつと期待されている．

ダストのサイズ分布を，彗星で最初に直接的に計測したのは，ハレー彗星探査機「ベガ」(p.42参照)だ．「ベガ」に搭載されていた質量分析装置の結果から，ダストのサイズ分布に直すためには密度を推定しなければならず，その分の不確定性は残っている．しかし，「ベガ」はそれまで地上観測での推定では存在しないと思われていた非常に小さなダスト（0.01 μm程度と換算される）を計測した．光の散乱効率がよいのは0.1〜数 μmの大きさのダストで，0.01 μm程度といったとても小さなダストは散乱効率が悪く，可視光での観測では非常に捉えにくい．

彗星のダストは主にかんらん石や輝石といったケイ酸塩鉱物からなると考えられている．赤外線で彗星を観測すると，彗星の熱放射が観測される（p.14参照）が，そのスペクトルにはケイ酸塩鉱物に特有のシリケート・フィーチャーが見られる．同様に，星間ダストや，がか座β星 β Pic などの周りの星周ダスト（図2-34）でも，このパターンが検出されている．

観測からは，ケイ酸塩鉱物の種類や結晶状態，ダストのサイズ分布の違いが分かる．問題となっているのは，結晶質のケイ酸塩鉱物の存在が示されていることだ．星間ダストのほとんどが非晶質のケイ酸塩鉱物であることは古くから知られていた．一方，結晶質のケイ酸塩鉱物は星間ダストにはほとんど観測されていないが，彗星のダストや星周ダストには観測されているのだ．結晶構造は熱によって相変化が起こることがわかっている．例えば，高温で加熱された後に急冷されると非晶質のケイ酸塩鉱物ができる．そのあと，段階的に加熱すると結晶質のスペクトルを示すようになり，700 Kほどで全体が結晶化することが室内実験から調べられている．これらの事実は，こうした観測がダストの熱履歴を知る，よい手がかりとなることを意味している．

彗星に関していえば，結晶質のケイ酸塩鉱物が報告されているのはオールト彗星(p.23参照)といわれる長周期の彗星が多い（図2-35）．オールトの雲は，太陽系形成時に木星など大質量惑星の形成領域でつくられた彗星核が，重力散乱により太陽系の非常に遠方に飛ばされて形成されたと考えられている．一方，木星族などの短周期彗星は，太陽系外縁部でつくられた彗星が軌道進化で太陽系内部まで落ちてきたと考えられている．これら木星族短周期彗星では結晶質のケイ酸塩鉱物の検

【図2-34】がか座β星のダストリング
（国立天文台）

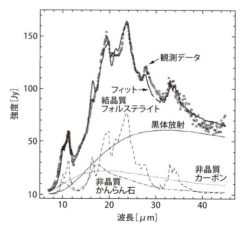

【図2-35】力学的に新しいヘール・ボップ彗星 C/1995 O1（Hale-Bopp）の中間赤外線領域の分光観測によるケイ酸塩の検出
12，18，23 μmあたりにピークが見られる（COMETS IIより）．
フォルステライト，かんらん石は，いずれもケイ酸塩鉱物．

出報告は比較的少ない．

5 日心距離による変化

分光観測でコマの分子種が判り，その化学反応から親分子が特定できると，昇華する日心距離を計算できる．この距離のことをスノーライン（雪線）とよぶ．彗星に多く含まれる親分子は水（H_2O）、二酸化炭素（CO_2）、一酸化炭素（CO）などだ（表2-2）．真空に近い宇宙空間では，COは50 K，CO_2は130 K，H_2Oは190 Kより低い温度でも昇華する．

一酸化炭素（CO）は窒素（N_2）と並んで最も揮発性の高い分子で，日心距離20 au以遠のカイパーベルト（p.6参照）でも昇華する可能性がある．また，ケンタウルス族（p.36参照）の2060キロン 95P/Chiron や60558エケクルス 174P/Echeclus などにみられる一時的な彗星活動の原因とされている．

日心距離2.5 au以遠では，水（H_2O）に比べて二酸化炭素（CO_2）の存在量が増加し，CO_2がコマの主成分となって彗星活動を駆動している．二酸化炭素の氷といえばドライアイスだ．入手が容易なのでダストに見立てた泥や水を混ぜて，**汚れた雪玉**を作って実験すると，彗星のさまざまな現象を再現できる（Web☞彗星を作ろう 実験ガイド）．

彗星核の主成分であるH_2Oは，日心距離2〜3 auより内側の内部太陽系でしか昇華しない．内部太陽系では核からコマへ直接昇華するが，より遠いところでも揮発性の高いガスによってH_2Oが氷の粒子（**氷ダスト**）として放出され，コマを形成することがある．

彗星に典型的にみられる揮発性物質の昇華温度を基に，日心距離による分子種ごとの生成率の変化が，さまざまに計算されている（図2-36）．この生成率の変化は，ダストの放出量にも影響し，彗星のコマの大きさや，彗星全体の明るさを示す全光度（p.108参照）の光度変化となって，彗星活動全般を駆動している．

【表 2-2】典型的な彗星氷の組成比
（H_2O=100, COMETS II より抜粋）

分子	組成比
H_2O （水）	100
CO （一酸化炭素）	1〜20
CO_2 （二酸化炭素）	3〜20
H_2CO （ホルムアルデヒド）	0.1〜4
CH_3OH （メタノール）	1〜7
HCOOH （ギ酸）	〜0.05
$HCOOCH_3$ （ギ酸メチル）	〜0.05
HNCO （イソシアン酸）	0.1
NH_2CHO （ホルムアミド）	〜0.01
CH_4 （メタン）	〜0.6
C_2H_2 （アセチレン）	0.1〜0.3
C_2H_6 （エタン）	〜0.3
NH_3 （アンモニア）	0.5〜1.0
HCN （シアン化水素）	0.05〜0.2
HNC （イソシアン化水素）	0.01〜0.04
CH_3CN （アセトニトリル）	0.01〜0.1
HC_3N （モノシアノアセチレン）	〜0.03
H_2S （硫化水素）	0.2〜1.5
H_2CS （チオホルムアルデヒド）	〜0.02
OCS （酸化硫化炭素）	0.2〜0.5
SO_2 （二酸化硫黄）	〜0.1
SO （一酸化硫黄）	〜0.5
CS （一硫化炭素）	0.2
S_2 （硫黄）	0.005

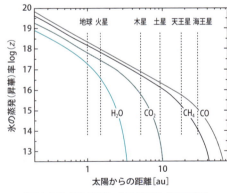

【図 2-36】日心距離による分子生成率の変化

CHAPTER 2.5 彗星と小惑星

彗星と小惑星は，コマ形成などの彗星活動で区別されてきた．氷が昇華しつくした枯渇彗星の存在が指摘されていたが，近年は，裸の彗星核や，衝突による小惑星のダスト放出の観測など，区分は困難だ．しかも，連続的な存在でもあるらしい．

1 さまざまな小惑星と隕石の種類の関係

1801年，恒星状なのに惑星のように移動する天体，ケレス 1 Ceres が発見された．次いでパラス 2 Pallas，ジュノー 3 Juno，ベスタ 4 Vesta と，同じような天体が発見されて，小惑星とよばれるようになった（現在ケレスは準惑星にも分類される）．2023年末現在，軌道の求まった発見数は1,308,871と，130万を優に超えている．

かつて発見された小惑星の多くは，日心距離2〜4 auの火星軌道と木星軌道の間で，円に近い軌道を回っているので，この領域を小惑星帯とよんでいた．しかし，太陽系外縁部にエッジワース・カイパーベルト天体（EKBO，p.6参照）が発見されるようになると，区別するために**メインベルト**とよばれるようになった（図2-37）．

メインベルトには，木星との軌道共鳴で小惑星が分布しない領域（カークウッドの空隙など）があり，その境界で族（フローラ族やベスタ族など）に分類されている（図2-38）．太陽と木星の重力がつり合うラグランジュ点には，トロヤ群とよばれる一群の小惑星も存在する（図2-39）．

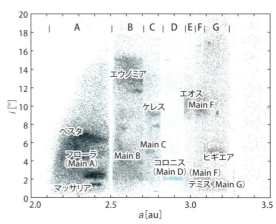

【図 2-38】小惑星の軌道長半径 a と軌道傾斜角 i の分布とさまざまな族（Piotr Deuar）

地球軌道の近くを通る小惑星は，衝突可能性を意識して地球接近小惑星や地球近傍小惑星（NEAまたはNEO）とよばれるが，その軌道長半径や近日点距離で，アテン群（$a<1$ au），アポロ群（$a \geqq 1$ au，$q<1.017$ au），アモール群（$a \geqq 1$ au，$q \geqq 1.017$ au）に分類される．

軌道ばかりでなく，反射スペクトルや色指数，アルベドからも分類されており，表面の組成や宇宙風化（宇宙放射線に曝されて変化すること）の進行度を反映している．最初に分類法を体系的に確立したデイヴィッド・トーレン（1984）を引き継ぐさまざまな分類法がある（図2-40）．小惑星に起源をもつ隕石の分類（表2-3）とも関連付けられ，メインベルト外側に多く，およそ75%を占めるC，D型小惑星は炭素質コンドライトの隕石に対応する．コンドライトとは，岩石が主成分の石質隕石の中で，かんらん石（$(Mg, Fe)_2SiO_4$）や斜方輝石（$(Mg, Fe)SiO_3$）などのケイ酸塩

【図 2-37】メインベルトとエッジワース・カイパーベルト
（NASA/JPL-Caltech/R. Hurt (SSC-Caltech) を参考に作成）

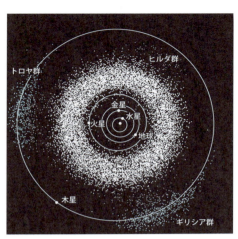

【図2-39】ラグランジュ点とトロヤ群

【表2-3】隕石分類の一例
（細分するとおよそ50グループ存在するので一部を取り上げる）

始原性	組織による分類		化学組成による細分
未分化隕石 コンドリュールを含む 溶融が起きず未分化で始原的な母天体の破片	石質隕石	コンドライト 落下した隕石のおよそ86% 未分化で始原的な母天体の破片	炭素質コンドライト（CC） CB・CH・CK・CM・CR・CV・CO・CI 普通コンドライト（OC） H・L・LL エンスタタイトコンドライト（EC）EH・EL
分化隕石 コンドリュールを含まない 溶融が起きて分化した母天体の破片		エコンドライト 落下した隕石のおよそ8% 母天体の地殻やマントルの破片	アカプルコアイト，ロドラナイト オーブライト，ホワルダイト，ユークライト，ダイオジェナイト，ユレイライト，シャーゴッタイト，ナクライト，シャシナイト
	石鉄隕石 落下した隕石のおよそ1% ケイ酸塩鉱物と鉄やニッケルの合金を含み母天体のマントル深部と中心核の破片		パラサイト メソシデライト シデロファイア
	鉄隕石 落下した隕石のおよそ5% 主に鉄やニッケルの合金からなり母天体の中心核の破片		ヘキサヘドライト オクタヘドライト アタキサイト

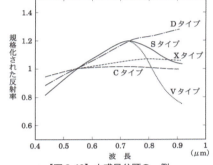

【図2-40】小惑星分類の一例
代表的な型の可視光スペクトルの違い（長谷川直「小惑星」，（シリーズ現代の天文学 第9巻）渡部・井田・佐々木編『太陽系と惑星』5.1節 図5.4，日本評論社

【図2-41】コンドリュール
（上椙真之）

の直径1 mm弱の球粒（**コンドリュール**，図2-41）を含むものを指す．落下した隕石の8割以上はコンドライトだ．鉄（Fe）に対する酸化鉄（FeO，Fe_2O_3）の比が高いものから，炭素質（C），普通（O），エンスタタイト（E）と分類する．その大半は普通コンドライトだ．一方，エコンドライトは分化した（母天体で溶融し化学的に分別された）隕石のことで，鉄（Fe）は沈降したので抜けたと考えられている．これらはメインベルトの外側に多く，およそ75％を占める．S型小惑星はメインベルト内側に多く，およそ17％のS型小惑星は普通コンドライトに対応し，分光観測で波長0.7 μm（p.14参照）のピークから可視域にかけての傾きが大きく，宇宙風化が進んで赤化していると考えられている．メインベルトの中心から内側に多く，およそ17％だ．V型小惑星は波長1 μm，2 μmに吸収帯がある輝石に特有のスペクトルで，玄武岩質のエコンドライトに対応する．V型の代表格であるベスタ 4 Vesta の衝突破片から形成されたらしい．X型小惑星は波長が長くなると反射率が緩やかに高くなり，低い方からP，M，E型と細分され，炭素質隕石，鉄隕石，エンスタタイトコンドライトに対応する．

イトカワ 25143 Itokawa はアポロ群のS型で，空隙率が40％ほどのラブルパイル構造であることが「はやぶさ」の探査で明らかになった．サンプル・リターンされた標本は，普通コンドライトの中でもLL型とよばれる酸化的な環境で形成されたものだ．リュウグウ 162173 Ryugu は，同じアポロ群でもC型で，生命に関係が深い炭素（C）を多く含むことから，「はやぶさ2」の探査対象に選ばれた．サンプルからはCIコンドライト（イブナ隕石型）と同様の組成をもつことが判明している．

分光観測が行われた小惑星は既に数万を超えて

いるが，さらにサーベイ観測の色指数により分類が加速している．似ている軌道をもつ小惑星が元の天体の衝突破壊によるものなら，色やスペクトル型も似ているはずなので，軌道による分類と色による分類は組み合わせて調査される．

近年では，メインベルト以遠の小天体も続々と発見されている．近日点が木星軌道より遠く，土星，天王星，海王星のいずれかの軌道と交差するケンタウルス族や，オールトの雲に起源をもつといわれる逆行軌道のダモクレス族など，いずれも摂動を受けやすく軌道は不安定で，**太陽系外縁天体**として区別される．太陽系外縁天体は，一般にエッジワース・カイパーベルト天体(EKBO)や海王星以遠天体(TNO)を指すが，これらも海王星との共鳴関係でいくつかの族に分けられるなど，発見数が増加してさまざまな分類による研究が進められている．

 枯渇彗星

彗星核は，従来言われてきた汚れた雪玉より大量のダストを含む凍った泥団子に近いことが，「ディープ・インパクト」による衝突実験(p.44参照)で明らかになった．その揮発性物質が昇華しつくした枯渇彗星(Extinct Comets)は，小惑星のようになることが指摘されていた．

毎年12月中旬に活動するふたご座流星群 Geminids の母天体が小惑星フェートン(ファエトンともいう) 3200 Phaethon であることは，軌道の類似性から確実視されている(図2-42)．

しかし，毎年一定数の出現を見せるふたご座流星群を形成するほど大量のダストが，小惑星から放出されるということは考えにくく，そこで広く受け入れられているのが，フェートンは枯渇彗星だという説だ．彗星としての活動で，流星群のもととなる大量のダストを軌道上にまき散らした後，揮発性成分の失われた核が，小惑星として観測されているというわけだ．2013年6月，デイヴィッド・ジューイットらはフェートンに微かな尾を検出したと発表している．

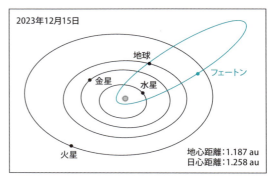

【図2-42】小惑星フェートンの軌道図
ふたご座流星群が極大を迎える頃，地球軌道と交差している．

3 彗星小惑星遷移天体

1949年11月19日，パロマー天文台のアルバート・ウィルソンとロバート・ハリントンによって写真乾板上に発見された新天体は，尾のある彗星として3回撮影された後に見失われた．1979年11月15日，30年後のパロマー天文台でエレノア・ヘリンが発見した小惑星 1979VA は，9年後の1988年12月20日に再観測されて4015番目の小惑星番号を与えられた．その離心率0.624という彗星のような軌道要素から，1979年以前に撮影された写真で，1949年の彗星と同一天体と確認されて，ウィルソン・ハリントン彗星 107P/Wilson-Harrington と命名された．

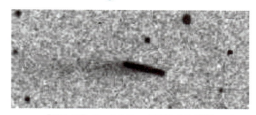

【図2-43】ウィルソン・ハリントン彗星
1949年発見当時の写真．尾らしき淡い拡がりが見られる
(Fernández, Y. R., McFadden, L. A., Lisse, C. M., Helin, E. F., Chamberlin, A. B. (1997). Analysis of POSS Images of Comet-Asteroid Transition Object 107P/1949 W1 (Wilson-Harrington), *Icarus*, 128, 114-126).

1949年の写真には微かに尾のような形状が見られる(図2-43)が，それ以降の写真には小惑星のような恒星状の姿しか写っておらず，まれにアウトバーストを起こす不活発な彗星核だという説が出されている．彗星としての特徴が失われつつあることから，彗星小惑星遷移天体(Comet-

Asteroid Transition Objects）とよばれる．

 活動小惑星（メインベルト彗星）

　観測技術の向上により，小惑星が彗星の形状で観測されるケースもある．メインベルトの辺りに円軌道に近い彗星が長期間あれば枯渇するだろう．しかし，2005年11月26日，マウナケア天文台群の口径8mジェミニ北望遠鏡が撮像した小惑星 118401 は，ダストを噴き出していた（図2-44）．エリスト・ピッツァロ彗星 133P/Elst-Pizarro やリード彗星 P/2005 U1（Read）も小惑星と同等の軌道をもち，両者を区分することは困難だ．これらを総称して活動小惑星とよんでいる．

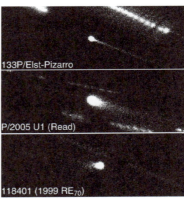

【図2-44】活動小惑星（メインベルト彗星）
（ハワイ大学2.2 m望遠鏡による画像集，Henry H. Hsieh, University of Hawaii による）

 尾のある小惑星

　リニア彗星 P/2010 A2（LINEAR）は2010年1月7日に発見された．その姿（図2-45）から当然彗星に分類されたが，尾しかなく，コマや中央集光が見られない不思議な姿だった．2010年1月29日，ハッブル宇宙望遠鏡が撮像すると，彗星とはかけ離れた衝撃的な姿が伝えられた（図2-46）．10月には科学誌『ネイチャー』に，小惑星同士が時速約1万7700 kmで衝突し，その破片が広がったとするデイヴィッド・ジューイットらの論文が掲載された．リニア彗星は実は直径120 mほどの小惑星で，数mくらいの別の小惑星が衝突し，飛び散ったダストのうち放射圧の効きにくい大きなサイズが残され，その**ダストクラウド**が彗星の尾のように見えていたのだ．

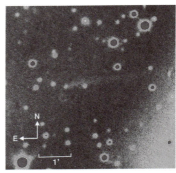

【図2-45】地上望遠鏡によるリニア彗星
（2010年1月15日，姫路市「星の子館」天文台90 cm反射望遠鏡 撮影）

6 今後の彗星と小惑星の区別の方法

　彗星と小惑星は彗星活動が見られるかどうかで区別されてきた．また，離心率が大きければ彗星だろうという共通の理解もあった．しかし今，それが揺らいでいる．裸の彗星核が小惑星同然であるように，もし小惑星を太陽に近づけたら距離に応じて彗星活動を起こすことだろう．

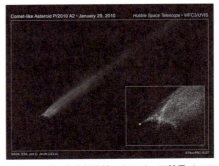

【図2-46】ハッブル宇宙望遠鏡によるリニア彗星（NASA, ESA）

　46億年前の微惑星が起源とされる小惑星と彗星は，形成領域の日心距離の違いで，組成の違いがもたらされ，軌道進化でメインベルト，オールトの雲，エッジワース・カイパーベルトへと行先が分かれた（p.23参照）．その違いは明確な境界線をもつのだろうか．彗星と小惑星を区別するには，改めて区分を検討し，履歴をたどらなければならない．それでも異形の姿を見せる彗星は発見数から見ても希少な天体と言えるだろう．

CHAPTER 2.6 彗星と流星群

季節の風物詩にもなっている流星群は，地球軌道が彗星軌道と交差して出現する．彗星が放出したダストの公転する流れを地球が横切るとき，地球大気圏に数多くのダストが突入して輝きを放つ．流星群は彗星を探る手掛かりの一つだ．

1 流星群と彗星の関係

8月のペルセウス座流星群 Perseids や12月のふたご座流星群 Geminids など，同時期に数多くの流星が天球上の同一方向（**放射点**）から広がるように出現する流星群は，地球軌道と彗星軌道が交差して発生している（図2-47）．

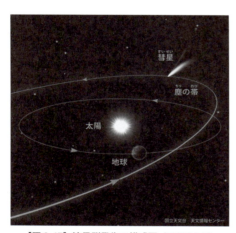

【図2-47】流星群発生の模式図（国立天文台）

彗星が流星群の源（**母天体**）であることに気付かれたのは，周期6.6年のビーラ彗星 3D/Biela（ビエラとも表記）が発端だ．1845年12月に2つに分裂しているようす（図2-48）が観測され，次の1852年の回帰時は，核同士の距離が約240万kmも離れていた．1859年以降の回帰は検出されず，この彗星は全く姿を消してしまった．現在では，彗星核が分裂崩壊して消滅したものと考えられている．

1872年11月27日と1885年の同じ日，アンドロメダ座γ星付近を放射点とする**火球**（明るい流星）の多い活発な流星群が観察された．流星雨という言葉が使われるほどの出現だったという．

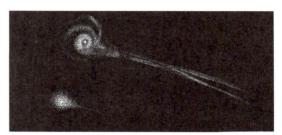

【図2-48】分裂しているビーラ彗星のスケッチ
（E. Weiß, *Bilderatlas der Sternenwelt*, 1888）

この放射点の位置は，ビーラ彗星が現れるはずだった方向に一致していた．アンドロメダ座流星群 Andromedids（ビーラ流星群）と名づけられたこの流星群は，崩壊したビーラ彗星の残骸のダストが，地球大気圏に突入したものと考えられている．流星群は1892年まで活発な出現が記録されたが，20世紀になると活動がほぼ見られなくなった．

ペルセウス座流星群の母天体は，1862年にルイス・スイフトとホレース・タットルが独立発見した周期133年のスイフト・タットル彗星 109P/Swift-Tuttle（スウィフト・タトルとも表記）だ．毎年8月13日前後，ペルセウス座γ星付近を放射点に安定した出現を見せ，**極大**の頃には1時間あたり30から60個の流星が出現し，月夜でなければ見ごたえのある流星群だ．

1864年から1866年にかけての観測から，火星研究で有名なジョヴァンニ・スキアパレッリが，母天体はスイフト・タットル彗星であることを明らかにした．周期133年のこの彗星は1982年頃回帰するはずなのに検出されず，やきもきされていた．ブライアン・マースデンの非重力効果を含めた軌道計算と，ペルセウス座流星群が1991年と1992年に2年連続で平年の2倍以上という出現を見せたことから，彗星の回帰が近いことが予

測され，1992年9月27日，コメットハンター木内鶴彦が再発見した．

2 ダストトレイル理論と流星群の出現予報

彗星の光度予報と並んで当てにならないのが流星群の出現予報だった．（口絵写真「ジャコビニ・ツィナー彗星」参照）．そこに大きな変革と転機をもたらしたのがダストトレイル理論だ．

しし座流星群 Leonids の母天体であるテンペル・タットル彗星 55P/Tempel-Tuttle は約33年周期で回帰するため，しし座流星群も約33年周期で活発な出現を見せるとされていた．平年は極大時でも1時間あたり数個しか流れないのに，彗星が回帰する前後には，最大で数千から数十万個の流星が降り注ぐ流星雨や流星嵐とよばれる大出現が何回か記録されている（図2-49）．しかし，必ずしも彗星の回帰前後に大出現が起こるわけでもなく，やはり流星群の出現予報は難しいものだった．

彗星から放出されたダストは，太陽放射圧や摂動を受けて次第に拡散していくが，しし座流星群のダストは拡散がさほど進んでおらず，彗星軌道を中心にした管状の範囲に集中している．この管状の範囲のことを**ダストトレイル**とよぶ．おそらく，しし座流星群の母天体が比較的若い（最近に内部太陽系に落ちてきた）ために，ペルセウス座流星群のように安定した出現を見せる流星群とは様相を異にしている．ロバート・マクノートとデイヴィッド・アッシャー（1999）は，アッシャーによるテンペル・タットル彗星の軌道の変化に伴う回帰ごとのダストトレイルの追跡から，地球軌道との位置関係を求めた．その結果，過去の出現状況を説明することに成功し，2001年に東アジアで大出現が起きることを予報した．この予報は見事なまでに的中し，日本でも大出現が観測された．最大出現時刻の予報との差はわずか5分程度と高精度で，期待を込めて空を見上げた人々を裏切ることなく流星雨が降り注いだ（図2-50）．

【図2-50】2001年11月19日のしし座流星雨
（田中一幸 撮影）

ダストトレイル理論は，それまでの流星群の極大予報のありかたを大きく変えた．彗星核からのダスト放出の速度分布を考慮し，コンピュータ・シミュレーションで多くのモデル粒子を飛ばして，その粒子が受ける放射圧や摂動を含む運動を計算し，地球軌道との交わりかたを予測する．その結果，興味深い事実も明らかになっている．例えば，彗星の軌道運動の進行方向の前向きに放出されたダストは，後ろ向きに放出されたダストよりも遅れて回帰する．感覚的には逆の感じがするが，前向きに放出されたダストは運動速度が速く

【図2-49】1833年のしし座流星群のようすを描いた絵画

なるため，彗星核よりも外側の軌道を大回りすることになり遅れて回帰するのだ．後ろ向きに放出されたダストは逆に早く回帰する．また，大概は彗星核の軌道に寄り添っているダストトレイルだが，惑星に接近している部分では，その摂動により大きなうねりを生じ，かなり複雑な形に軌道進化していくことも明らかになっている．

3 ダストトレイルの観測

ダストトレイルそのものは，すでに1983年に赤外線天文衛星「IRAS」によって，8彗星で発見されていた．しかし，流星群の予報手段としてダストトレイル理論が提唱された1990年代の終わり頃は，まだ理論的色彩が強かった．

2002年，東京大学木曾観測所105 cmシュミットカメラが可視光でコプフ彗星 22P/Kopff のダストトレイルの撮影に成功した．さらに2005年スピッツァー宇宙望遠鏡が赤外線でジョンソン彗星 48P/Johnson とシューメーカー・レヴィ第3彗星[3] 129P/Shoemaker-Levy（図2-51），また2006年にシュバスマン・バハマン第3彗星 73P/Schwassmann-Wachmann でも撮影に成功した．その結果，ダストトレイルは流星群の源になるダストそのものが見えているものであり，彗星には一般的に存在する構造であることが，はっきり認識をされるようになった．

ダストトレイルはアマチュア天文家によっても撮影されており，2009年8月に津村光則がコプフ彗星 22P/Kopff で，2010年7月にはフランソワ・キュゲルと津村光則，遊佐徹がテンペル第2彗星 10P/Tempel で成功している（図2-52，図2-53）．このような構造は地球が彗星軌道面を通過する時期に検出されやすい．それは，彗星軌道

【図2-51】シューメーカー・レヴィ第3彗星 129P/Shoemaker-Levy のダストトレイル（2005年スピッツァー宇宙望遠鏡による，NASA，JPL-Caltech）

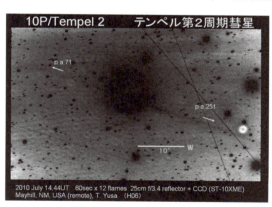

【図2-52】2010年7月のテンペル第2彗星 10P/Tempel のダストトレイル（遊佐徹 撮影）

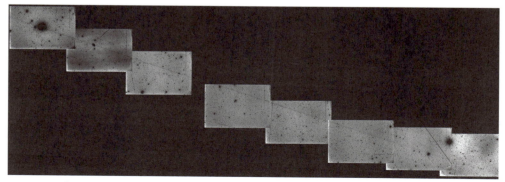

【図2-53】テンペル第2彗星 10P/Tempel のダストトレイルの拡がり（François Kugel 撮影）

---

[3] 現在は129Pで識別でき「第3」は付けないが，以前の資料を見るときに役立つので，ここでは他の彗星も含めて付記した．

面上に分布するダストが，視線方向で光学的に厚みを増して見えるからだ．このことからも，ダストトレイルが主に彗星軌道面から垂直方向に大きく離れることなく分布していることがわかる．

④ ヘルクレス座 τ 流星群

シュバスマン・バハマン第3彗星 73P/Schwassmann-Wachmann を母天体とするヘルクレス座 τ 流星群 tau Herculids は，1930年の日本での記録を除き，活発な出現が見られない流星群の一つだった．国立天文台の渡部潤一と佐藤幹哉らの研究チームは，ダストトレイル理論で，1995年に起きたアウトバースト時に放出されたダストが2022年5月31日（日本時間）に地球に到達することを予報し，米国カリフォルニア州ユッカバレー郊外に遠征観測を行って，1時間に100個程度の活発な出現を確認した．

以上のとおり，彗星と流星群との間には密接なつながりがある．確認されている流星群と母天体の関係を，表2-4にまとめておこう．

【表 2-4】流星群と母天体の関係

流星群名 略号：学名	極大日※1 ZHR※2	特 徴	母天体
しぶんぎ座流星群 QUA：Quadrantids	1月4日〜 120	3大流星群の1つ．極大のピークは短い．速度がやや速く痕を残すものは少ない．	2003 EH1？，マックホルツ第1彗星 96P/Machholz？
4月こと座流星群 LYR：April Lyrids	4月22日 〜20	比較的明るい流星が多く，まれに突発的な出現数を見せる．	サッチャー彗星 C/1861 G1 (Thatcher)
みずがめ座 η 流星群 ETA：eta Aquariids	5月6日 〜50	速度は速くて青白く，痕を残すものが多い．	ハレー彗星 1P/Halley
ヘルクレス座τ流星群 TAH：tau Herculids	5月31日	本文❹参照．	シュバスマン・バハマン第3彗星 73P/Schwassmann-Wachmann
やぎ座 α 流星群 CAP：alpha Capricornids	7月31日 〜5	ゆっくりと流れ，ときおり火球も現れる．	ニート彗星 169P/NEAT
ペルセウス座流星群 PER：Perseids	8月12日 〜100	3大流星群の1つ．母天体回帰直前の1991年，日本で1時間に300個を超えた．	スイフト・タットル彗星 109P/Swift-Tuttle
10月りゅう座流星群 DRA：October Draconids	10月8日	母天体名から「ジャコビニ流星群」ともよばれる．まれに大出現する．	ジャコビニ・ツィナー彗星 21P/Giacobini-Zinner
オリオン座流星群 ORI：Orionids	10月21日 〜20	速度は速く比較的明るい．痕を残すものが多い．2006年に出現数が増えた．	ハレー彗星 1P/Halley
おうし座南流星群 STA：Southern Taurids	11月5日 〜5	活動期間は10月中旬から11月末まで続く．速度は遅く経路が長い．	エンケ彗星 2P/Encke
おうし座北流星群 NTA：Northern Taurids	11月12日 〜5	活動期間は10月中旬から11月末まで続くが南群より時期が遅い．	エンケ彗星 2P/Encke
しし座流星群 LEO：Leonids	11月17日 〜15	2001年に日本で1時間に数千個の流星雨となった．明るく痕を残すものが多い．	テンペル・タットル彗星 55P/Tempel-Tuttle
ほうおう座流星群 PHO：Phoenicids	12月1日	1956年，南極観測船「宗谷」がインド洋で18〜19世紀のダストトレイルに遭遇した．	ブランペイン彗星 289P/Blanpain D/1819 W1 = 2003 WY25
ふたご座流星群 GEM：Geminids	12月14日 〜150	3大流星群の1つ．速度はやや速く，明るい流星が多い．	小惑星フェートン 3200 Phaethon
こぐま座流星群 URS：Ursids	12月22日 〜10	通常は少ないが1980年ヨーロッパで1時間に50個以上出現．速度が速く明るい．	タットル彗星 8P/Tuttle

※1 極大日は国立天文台（https://www.nao.ac.jp/new-info/meteor/table-ls.html）によるもので，極大の太陽黄経を2023年の日付（日本時）に換算しており，年によって前後1日程度ずれ，また流星群の極大自体が必ずしも毎年一定ではないので，年によって数日から数十日ずれることもあると注釈が入っている．
※2 ZHRは補正計算を経た出現数のことで，実際の出現数よりかなり多い．使用した値は，American Meteor Society（https://www.amsmeteors.org/meteor-showers/meteor-shower-calendar/）によるもの．

CHAPTER 2-7 彗星フライバイ探査の歴史

探査機を打ち上げて彗星を探る研究は，1986年のハレー彗星回帰を契機に国際協力で進められてきた．2014年の「ロゼッタ・ミッション」以前は，通過しながら接近するフライバイ探査によって，核の姿などが明らかにされてきた．

1 1985年9月 ジャコビニ・ツィナー彗星

1980年代は，1986年のハレー彗星 1P/Halley 回帰を控え，各国の宇宙機関が探査計画を進めていた．その前の1910年回帰時の，人類滅亡の流言飛語（p.18参照）を思えば，驚くべき進歩だ．

当時，旧ソ連と冷戦下にあったアメリカでも探査計画「HIM」（Halley Intercept Mission）が立案されたが，予算削減で実現しなかった．そこで，既に1978年8月に打ち上げられて，地球磁場などを観測していた国際太陽地球観測衛星「ISEE-3」（International Sun-Earth Explorer 3）をハレー彗星へ向かわせることになった（図2-54）．複雑な軌道変更でスイングバイ航法を繰り返し，1983年12月にハレー彗星へ向かう軌道に乗った．「アイス」（ICE；International Cometary Explorer）と名を変え，途中1985年9月にジャコビニ・ツィナー彗星 21P/Giacobini-Zinner に接近した．これが史上初の彗星探査になった．プラズマテイルを観測し，水（H_2O）と一酸化炭素（CO）のイオンを検出した．

2 1986年3月 ハレー彗星

ハレー彗星回帰へ向けて，日本では，「さきがけ」と「すいせい」の2機の探査機を計画していた．また旧ソ連も各国と共同で金星探査を兼ねた「ベガ1号」（Vega1）と「ベガ2号」（Vega2）の2機を，欧州では「ジオット」（Giotto）探査機をコマに突入させる計画が進められていた．「ジオット」は1301年のハレー彗星を描いたイタリアの画家の名だ．「アイス」を加え計6機となった探査機群は「ハレー艦隊」（Halley Armada）と称された．

各探査機は事前に観測分野が調整された．地上観測の協力ネットワーク「IHW」（International Halley Watch）も組織され，各国多くのアマチュアも参加して，国際連携による観測体制が敷かれた．

1986年3月，各国の探査機は相次いでハレー彗星に接近した（図2-55）．コマ突入を敢行した「ジオット」には，その直前に接近した「ベガ2号」の最新データが提供されるなど，冷戦下でもさまざまな協力が行われ，探査を成功へと導いた．また惑星軌道を巡るアメリカの「パイオニア7号」

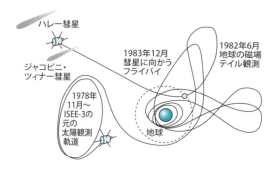

【図2-54】アイスの軌道図
（After Maran, "Sky and Telescope" Sep'85 を参考に作成）

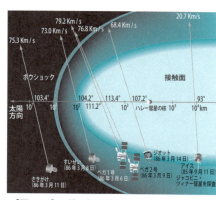

【図2-55】6機の探査機によるハレー彗星探査

（Pioneer 7）などの既存の宇宙機も観測を行った．

ハレー艦隊のさまざまな成果の中で，特に脚光を浴びたのは，「ジオット」による初の核の直接撮像だ．1986年3月14日9時3分（日本時間），ダストの衝突に耐えて核から596±2 kmまで接近すると，人類が初めて目にする核の画像を送ってきた（図2-56）．ホイップルの汚れた雪玉説（p.18参照）以降，さまざまな状況証拠から核の存在は確実視されていたが，地上観測では全く見えなかった核の姿が明白になった．

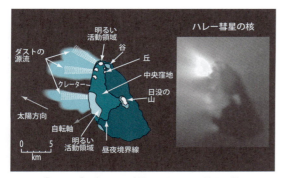

【図 2-56】ジオットが撮影したハレー彗星の核
（写真：NASA/ESA）

核は予測どおり小さな天体で，ハレー彗星ですら，長半径7.21±0.15 km，短半径3.7±0.1 km（UweKellerら1994年のジオット画像解析による）しかない黒い氷のかたまりだった．また大方の予測を覆し，アルベドは0.04程度（入射光の4％しか反射しない）と非常に黒かった．

他にも，当時の複合的な観測から，現在の彗星科学の基礎となる多くの成果が得られている．

③ 2001年9月 ボレリー彗星

1998年10月に打ち上げられた「ディープ・スペース1」（Deep Space 1）は，1999年7月の小惑星ブライユ 9969 Braille 接近を経て，2001年9月22日にボレリー彗星 19P/Borrelly に2171 kmまで接近した．

核からジェットが噴出しているようす（図2-57）や，核の表面構造まで読み取れる詳細な画像（図2-58）などが得られた．核の大きさは長半径4.0±0.05 km，短半径1.6±0.04 km（Soderblo

ら2002年やBurattiら2004年の解析による）で，自転周期は25±0.5時間，アルベドは0.03と極めて低かった．

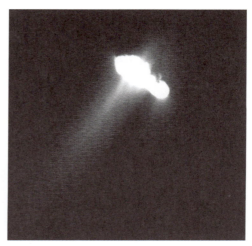

【図 2-57】ジェットを噴き出すボレリー彗星
（NASA/JPL）

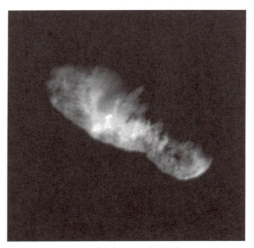

【図 2-58】ボレリー彗星の核
3356 kmからの近接撮像で分解能は約 47 m
（NASA/JPL）

2例目となるボレリー彗星の核画像が得られたことで，アルベドが低いことなどが共通する特徴として注目されるようになった．また，軌道分類（p.22参照）が異なるハレー彗星とボレリー彗星の，相違点と類似点が議論されるようになった．

④ 2004年1月 ヴィルト第2彗星探査

1999年7月に打ち上げられた「スターダスト」（Stardust，図2-59）は，2004年1月4日にヴィ

ルト第2彗星 81P/Wild の核に240 kmの距離まで接近し，核表面の撮像（図2-60）などの諸観測を成功させるとともに，ダストを捕獲採集し，そのカプセルを2006年1月15日に地球に降下帰還させる，サンプルリターンに成功した．

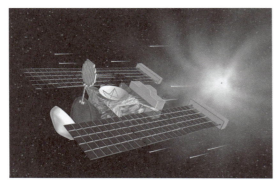

【図2-59】スターダスト探査機
（NASA/JPL）

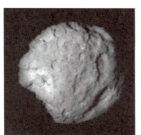 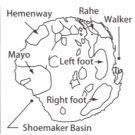

【図2-60】ヴィルト第2彗星の核の近接画像
（NASA）

これにより，彗星のダストを地上の実験室で詳しく分析することができるようになった（図2-61）．地上観測からダストの主成分とみられていた輝石やかんらん石などのケイ酸塩鉱物はもとより，アミノ酸のグリシンが検出され注目された．生命誕生の材料物質の一部は彗星起源だとする説を裏づけたからだ（p.52参照）．

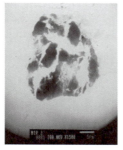

【図2-61】採取回収されたダストの顕微鏡画像
（NASA）

⑤ 2005年7月と2011年2月，2回のテンペル第1彗星探査

2005年1月に打ち上げられた「ディープ・インパクト」（Deep Impact，図2-62）は，同年7月4日（アメリカ東部夏時間でアメリカの独立記念日）にテンペル第1彗星 9P/Tempel に接近し，時速約3万7000 kmで重さ370 kgのインパクタ（衝突体）を核に衝突させた．そのようすは探査機からモニター（図2-63）されるとともに，数多くの地上望遠鏡や宇宙望遠鏡，他の探査機からも観測された．

【図2-62】ディープ・インパクト探査機
（NASA/JPL）

【図2-63】インパクター衝突時の画像
（NASA/JPL）

宇宙空間で繰り広げられた衝突実験により，テンペル第1彗星の核は，従来考えられていた汚れた雪玉よりも，凍った泥団子に近いことが示唆された．

さらに2011年2月14日，ヴィルト第2彗星の観測を終えた「スターダスト」が，延長ミッション

の「スターダスト・ネクスト」(StardustNExT, New Exploration of Tempel 1)としてテンペル第1彗星を再訪し,ディープ・インパクトの衝突で作られたクレーターを撮像している(図2-64).

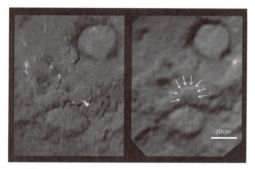

【図2-64】スターダスト・ネクストが撮像したディープ・インパクトの衝突実験の跡
（NASA/JPL-Caltech/University of Maryland/Cornell）

これらの探査により明らかになったテンペル第1彗星の核の大きさは,長径7.6 km,短径4.9 kmで,ハレー彗星やボレリー彗星と比べると丸っこいのが特徴だ.またアルベドは0.04とハレー彗星と全く同じで,非常に黒っぽかった.

6 2010年11月ハートレー第2彗星探査

ディープ・インパクトの延長ミッションとして,「エポキシ」(EPOXI)と改名された探査機は,2010年11月4日,ハートレー第2彗星 103P/Hartley に694 kmまで接近し,核表面(図2-65)や,宇宙吹雪と称された,氷ダスト(p.33参照)を噴き出すようす(図2-66)を撮像した.

【図2-65】エポキシが撮像したハートレー第2彗星の核
（NASA/JPL-Caltech/UMD）

【図2-66】ハートレー第2彗星の宇宙吹雪
（NASA/JPL-Caltech/UMD）

見積もられた核の大きさは長軸4 km,短軸2 kmのくびれた形で,2つの**原初彗星核(コメッテシマル)**が衝突合体したものと考えられた.彗星核や小惑星の高解像度画像が増えると,小天体にはこの形状が少なくないことがわかってきた.2014年に探査機「ロゼッタ」が明らかにしたチュリュモフ・ゲラシメンコ彗星 67P/Churyumov-Gerasimenko の核(p.47参照)や,2019年に冥王星探査機「ニューホライズンズ」が訪れたエッジワース・カイパーベルト天体(p.34参照)アロコス 486958 Arrokoth (図2-67)もその例だ.

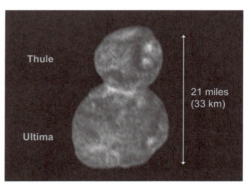

【図2-67】エッジワース・カイパーベルト天体アロコス
（NASA）

彗星フライバイ探査の歴史は,1950年に提出されたホイップルの氷核モデル(p.18参照)を実際に確かめ,彗星核の姿を明らかにすることを目標に発展してきた.それを可能にした,ロケットの打ち上げや遠隔探査などの工学や技術の進歩には,目を見張るものがある.こうした歴史を積み重ねて,ついに「ロゼッタ・ミッション」(次ページ)がスタートしたのだ.

CHAPTER 2.8 ロゼッタ・ミッション

2004年に打ち上げられた探査機「ロゼッタ」は，2014年にチュリュモフ・ゲラシメンコ彗星に到着した．核に着陸機を降ろし，彗星の探査から地球の水の起源や生命誕生の謎に迫る野心的なミッションだった．．

ミッションの概要

　ESA（欧州宇宙機関）の探査機「ロゼッタ」は，2004年3月2日，南米のフランス領ギアナ宇宙センターから打ち上げられた．2.8 m×2.1 m×2.0 mの本体に，遠くまで交信可能な大きな丸いアンテナと，太陽から遠くても活動可能な長くて大きな太陽電池パドルを両翼にもった，全幅30 mの探査機だ（図2-68）．総重量は3100 kg，11種類の遠隔観測やその場観測装置及び彗星核着陸機「フィラエ」を積載していた．

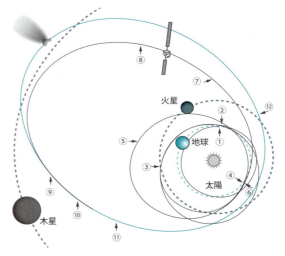

①	2004年3月2日	打ち上げ
②	2005年3月4日	最初の地球スイングバイ
③	2007年2月25日	火星スイングバイ
④	2007年11月13日	2度目の地球スイングバイ
⑤	2008年9月8日	小惑星Steinsフライバイ
⑥	2009年11月13日	3度目の地球スイングバイ
⑦	2010年7月10日	小惑星Lutetiaフライバイ
⑧	2011年6月8日	休眠モードへ
⑨	2014年1月20日	休眠モードから復帰
⑩	2014年8月6日	チュリュモフ・ゲラシメンコ彗星 67P/Churyumov-Gerasimenko 到着
⑪	2014年11月12日	フィラエ着陸
⑫	2016年9月30日	ロゼッタ降下，ミッション完了

【図2-69】探査機「ロゼッタ」の軌道（ESA）

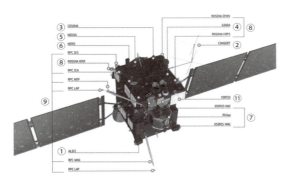

①	ALICE	紫外光撮像器
②	CONSERT	彗星核観測実験装置
③	COSIMA	彗星二次イオン質量分析装置
④	GIADA	微粒子衝撃力分析装置ダスト蓄積器
⑤	MIDAS	マイクロ撮像ダスト分析システム
⑥	MIRO	ロゼッタ周回機マイクロ波装置
⑦	OSIRIS	光学分光赤外線遠隔撮像システム
⑧	ROSINA	イオン中性分析用ロゼッタ周回機分光計
⑨	RPC	ロゼッタ・プラズマ・コンソーシアム
⑩	RSI	無線科学調査装置
⑪	VIRTIS	可視赤外作図分光計

【図2-68】探査機「ロゼッタ」搭載の観測装置（ESA）

　地球と火星でスイングバイを繰り返し，徐々に周期6.45年の木星族，チュリュモフ・ゲラシメンコ彗星 67P/Churyumov-Gerasimenko に近づいた（図2-69）．途中，2008年に 2867 Steins，2010年に 21 Lutetia と，2つの小惑星を通過した．木星軌道の辺りまで巡る長旅に耐えるため，2011年6月に冬眠モードに入り，受信に必要な機器を除いて電源を切って航行した．

　2014年1月20日に冬眠モードから目覚めたのち，打ち上げから10年以上を経た同年8月6日に無事到着した．ロゼッタはこの彗星の近日点通過（2015年8月13日）の1年以上前から並走し，日心距離による変化を捉え，近日点通過の1年以上後まで，2年超の探査を続けた．彗星周回軌道の日心距離は3.60 auから始まり，近日点の1.24

auを経て，3.83 auまで変化した．

近日点に近づく前の2014年11月12日には，フィラエを分離して核に着陸させた．そして，2016年9月30日に全ての探査計画が完了し，ロゼッタも核に着陸してミッションは終了した．

ロゼッタの名は，ロゼッタストーンに刻まれたヒエログリフ（神聖文字）を，ジャン＝フランソワ・シャンポリオン（1790-1832）が解読し，古代エジプト史が紐解かれた故事にちなむ．フィラエは石碑が数多く出土したナイル川の島の名だ．ロゼッタ・ミッションは太陽系の歴史を解読することをあらかじめ宣言していた．

2 初の彗星核周回軌道

到着前からOSIRIS（光学分光赤外線遠隔撮像システム）が核の温度を測定した．日心距離3.70 au（5億5500万km）で200 K（約−70℃），事前の地上観測やモデル計算から推定されていたより20〜30度も高かった．これは，太陽に近づきつつあった核からのガスやダストの放出が，より早く活発になることを意味し，フィラエ着陸のタイムリミットが早まることになった．

到着後は周回軌道からさまざまな角度の核の姿を送信してきた．"アヒルの玩具"とニックネームを付けられたコンタクト・バイナリ（二重結合天体）の形状（図2-70）は，2つのコメッテシマル（原初彗星核）が貼り付いたか，短周期で繰り返し太陽にあぶられて侵食されたか，最長部でも僅か4 kmほどのこの凍った泥団子は，ガスやダストを放出しながら日々様相を変えていた．

【図2-70】アヒルの玩具に似た核の形状（ESA）

着陸地点を探すための地図作製もスタートし，地域や目印には地名が付けられた．その多くが古代エジプト神話に由来する（図2-71）．日照分布も計算されたが，複雑な地形による変化に富んでいた．着陸地選定には何種類もの条件をクリアする必要がある．科学的関心はもとより，急峻な地形や不安定な地盤を避け，太陽電池が稼働する日照時間や，軌道上のロゼッタを中継する地球との通信ラインも必要だ．まず5地点に絞られた候補地の中から最終着陸地が決定され，公募によって「アギルキア」と命名された．フィラエ島近くの，1970年のダム建設により水没するとされていたイシス神殿の遺跡が移築された島の名だ．

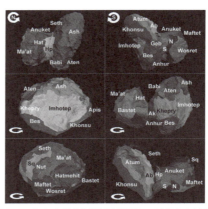

【図2-71】さまざまな地域や地形につけられた地名（ESA）

3 史上初の彗星核着陸

2014年11月12日，積載していたフィラエが分離されて，核表面へ着陸した．フィラエは縦，横，高さ約1 m，重量100 kgほど，10種類の観測装置を搭載している（図2-72）．

分離前の最終確認では，スラスター（噴射装置）の窒素ガスタンク開封が，予備針でも穴が開かずに機能しないことが判明した．重力が非常に小さな彗星の核表面で，着陸時のリバウンドを抑えるための重要な装置だ．刻一刻と太陽に接近し状況が厳しくなるなか，着陸が決行された．

17時35分（以下，日本時間），フィラエはロゼッタから分離し，核表面へ降下を始めた．この時の彗星の**地心距離**は3.41 au，5億km以上あり，

47

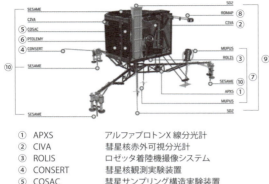

①	APXS	アルファプロトンX線分光計
②	CIVA	彗星核赤外可視分光計
③	ROLIS	ロゼッタ着陸機撮像システム
④	CONSERT	彗星核観測実験装置
⑤	COSAC	彗星サンプリング構造実験装置
⑥	MODULUS PTOLEMY	進化型ガス分析器
⑦	MUPUS	地表表面下科学多目的センサー
⑧	Romap	ロゼッタ着陸機磁力計プラズマモニター
⑨	SD2	サンプル分析装置
⑩	SESAME	地表電気振動音響観測装置

【図 2-72】着陸機「フィラエ」搭載の観測装置（ESA）

信号がダルムシュタットにあるESA宇宙運用センターに届くのは28分後だ．フィラエは7時間かけて降下を続け，11月13日0時33分に核表面に到達した．その28分後，着陸を示す信号が地球に届き，歓喜に沸く管制室のようすがインターネットで生中継された．

フィラエの機体下部には2本の銛，伸ばした3本の脚の先には固定用アイス・スクリューも用意されていたが，スラスターが作動せず工夫を凝らした係留装置が機能しなかった．およそ1 km上空まで跳ね返されてしまったが，核の重力に引き戻されて2時26分に再着陸，更に2回跳ねて2時33分に予定地から1.2 km離れた崖の下に横倒しで落ち着いた．詳細な状況が判明したのは，もちろん後になってからのことだ．

崖下の日陰では太陽電池が予定電力を確保できないが，バッテリーで観測が行われた．撮像が先でドリル掘削は後だ．係留されていないフィラエの姿勢が変わり，状況が悪化する危険があった．バッテリー残量が迫るなかで，いよいよ地下に杭で観測装置を打ち込むMUPUS（地表表面下科学センサー）や，ドリルで穴を掘るSD2（サンプル分析装置）が起動された．MUPUSのデータは，杭が数mmしか打ち込まれなかったことを示しており，地表硬度に関する初のデータとなった．SD2のドリルの作動も確認されたが，分析されたガスは微量で，穴が掘れたのかはっきりしていない．

計画されていた初期の調査が終了すると，最後の電力でフライホイールを回転させ，反動で少しでも太陽光の当たりやすい場所への移動が試みられた．フィラエは4 cmほど持ち上がって35度回転した．着陸56時間後の11月15日9時36分に通信が途絶し，日照や温度が近日点に近づいて状況改善することに望みを託した．フィラエは核の風景画像のほか，人類が初めて知る彗星核に関する貴重な情報をもたらした．

4 科学的成果 ——核の素顔と内部構造

ロゼッタ・ミッションは多くの成果をあげたが，中でも重要なのは(1) **核の素顔と内部構造**，(2) **同位体比による彗星と地球の水の違い**，(3) **生命関連物質を含む彗星の組成**の3点を明確にしたことだろう．(2)と(3)については別に取り上げる(p.52参照)ことにして，ここでは，彗星核が地質学的にアプローチされるようになった(1)について詳しく紹介する．

"アヒル"のネック（頸部）で接合した頭と体2つのローブ（塊）が構成している核の，大きい方（体）は4.1 km×3.3 km×1.8 km，小さい方（頭）は2.6 km×2.3 km×1.8 km，総質量は100億t程度と見積もられた．外層部が剥離し露出した内部の層が，大小のローブで異なる方向を向いていることから，別々に誕生した後に低速接触で結合したという仮説が強く支持された．激しい衝突に伴う高密度な物質の領域が見られないことも，穏やかな結合を示唆していた．

ロゼッタとフィラエのCONSERT（彗星核観測実験装置）による核を挟んだ電波測定で内部構造がスキャンされた．内部は空隙率75％，非常に緩く圧縮されたダストと氷の混合物からできており，核の半分ほどがダストや鉱物で残りは空洞であることが判明した．一方，別に測定されたmm未満のダストも，大半が同様の空隙率で，小さなサイズに至るまで多孔質だった．電波のドップ

ラー効果を利用して，核の重力場も測定されたが，平均密度はおよそ 500 kg/m^3，水の氷の半分ほどしかなく，むしろ 250 kg/m^3 のコルクに近い．

核近傍のさまざまな現象，例えばスパイラルジェットや扇形コマ（p.26参照）を説明するために，活動領域が存在するというモデルが，さまざまな彗星に適用されてきた．しかし，ロゼッタの観測では，核表面に小規模な活動を起こす**ピット**（陥没孔，図2-73）が発見されたものの，大規模なジェットの噴出口や明確な亀裂などの活動領域を特定することはできなかった．むしろ，核の複雑な地形による日照変化に応じて，ガスやダストの放出量が変化し，コンタクト・バイナリの形状によるガス流の収斂作用で，ダストの全体的な流れが形成されて発生しているようだ．

【図 2-73】ピット
（ESA）

核表面は多種多様な地形に富んでおり，平野，崖，山などが見られる．浸食されたような地形は氷の昇華によって巻き上げられたダストによるものらしい．ピット周辺には多数の塊による凸凹（鳥肌と名付けられた，図2-74）が見られ，ピットから昇華した氷が再び凝華している可能性が指摘された．

ロゼッタの観測期間，とりわけ近日点に近づいた頃に，核表面には多くの変化が認められた．岩が数十m，時には100 m以上移動し，崩れ落ちた崖も観察された．オーバーハング（上部が張り出し庇のよう）なのに崩れ落ちていない崖もあり，微小重力環境下での地質強度計算なども試み

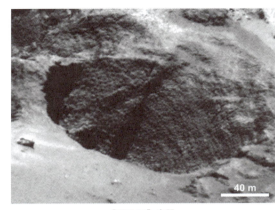

【図 2-74】鳥肌
（ESA）

られている．2015年12月に起きた地滑りは，初めて小規模なアウトバーストとの関連性が指摘された．

何種類かの観測結果は，核が直径数mから数kmといった規模の衝突による誕生ではなく，ペブル（小石）の穏やかな合体から形成されたことを支持していた．mmサイズの壊れやすいダストの検出は，核の静かな誕生を裏付けた．MIDAS（マイクロイメージングダスト分析システム）の原子間力顕微鏡で，数nm規模の小さな構造も研究された（図2-75）．

2016年9月30日，ロゼッタは12年半に及ぶ長旅を終えた．最終ミッションは核への着陸，降下しながら撮像を続け，20 m上空からの最後の画像は解像度2 mmに達した．

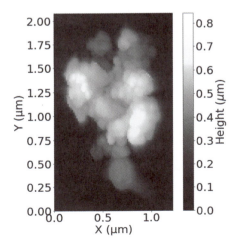

【図 2-75】ふわふわした壊れやすいダストの原子間力顕微鏡画像（ESA）

CHAPTER 2-9 今後の探査計画と地上観測への期待

枯渇彗星ともいわれる小惑星フェートン．ふたご座流星群の母天体だ．その探査計画，そして始原性が最も高いと期待されるオールト彗星が内部太陽系に落ちてきたところを探査する計画も紹介し，地上観測への期待を述べる．

1 ディスティニープラス・ミッション

2025年度の打ち上げを目標に進められているディスティニープラス（DESTINY$^+$）ミッションでは，小惑星フェートン 3200 Phaethon（p.36 参照）のフライバイ探査を行う．科学観測の取りまとめと，搭載する3つの観測機器（望遠カメラ，広角マルチバンドカメラ，ダストアナライザ）開発を，千葉工業大学惑星探査研究センターが行っているJAXA（宇宙航空研究開発機構）のプロジェクトだ（図2-76）．他にも内外の研究機関が協力している．

【図2-77】レーダー観測によるフェートンの形状
（2017年12月17日，アレシボ天文台）

【図2-76】ディスティニープラス探査機（JAXA）

枯渇彗星（p.36参照）とされるフェートンは，これまでの観測で，だいたいのサイズや形状（図2-77，図2-78）などの情報は得られているが，表面の細かなようすはわからない．その近接撮像が期待される．また，ふたご座流星群のもとになっているダストの，現場でのダストアナライザによる組成分析が行われる予定だ．

2 コメットインターセプター・ミッション

ジオット（p.42参照）やロゼッタ（p.46参照）で彗星探査に実績をもつESAと，2回の小惑星探査

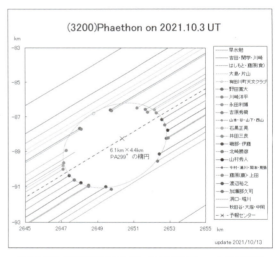
【図2-78】掩蔽観測キャンペーンによるフェートンの形状
（2021年10月4日 2:03前後，Phaethon 観測チーム 早水勉）

に実績をもつJAXAが協力して，より始原性の高いとされるオールト彗星（p.23参照）が内部太陽系に落ちてきたところを探査する「コメットインターセプター」（Comet Interceptor，図2-79）による長周期彗星探査計画が進められている．

しかし，未発見で軌道もわからない新彗星を，どうやって探査するのか．探査機の準備や打ち上げには相当な時間がかかる．新彗星が発見されてから準備していたのでは間に合わない．そこで，あらかじめ太陽と地球の重力が遠心力とつり合う

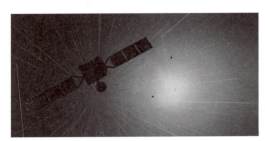

【図 2-79】コメットインターセプター探査機
（ESA/JAXA）

位置であるラグランジュ点L₂（図2-80）に探査機を打ち上げて待機させておき，新彗星の発見に備えるという計画が立案された．それは，オールト彗星，場合によっては星間天体（p.56参照）が発見されると，軌道が求まり次第に探査機を向かわせ，ESAが開発する本機と子機，JAXAが開発する子機の3機でフライバイ探査を行おうという計画だ．2029年中の打ち上げと，L₂での3年間の待機期間の実現を目指している（図2-81）．

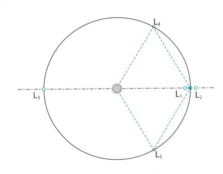

【図 2-80】ラグランジュ点

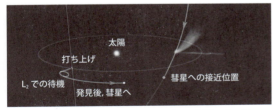

【図 2-81】コメットインターセプター軌道イメージ
（ESA/JAXA）

さまざまな探査機の運用実績による長期間のミッション実現と，近年の自動掃天システムの技術力向上で遠距離での目標発見が可能となり，それらを組み合わせることで探査機を向かわせるだけの時間を稼げるようになってきたことが計画を可能にした．成果が出るのは早くても2030年代半ばとなるが，大いに期待されるプロジェクトだ．

3 次世代サンプルリターン

サンプルリターンは，ダストを除くと，20世紀のアポロ計画，21世紀の嫦娥計画による月のほか，「はやぶさ」のイトカワ 25143 Itokawa（2010年），「はやぶさ2」のリュウグウ 162173 Ryugu（2020年），「オサイリス・レックス（OSIRIS-Rex）」のベヌー（またはベンヌと表記）101955 Bennu（2023年）と，2023年末までに3つの小惑星で成功している．

次は同じ小天体である彗星のサンプルリターンを行うことが，太陽系の成り立ちを探る上で重要なテーマとなっている．次世代サンプルリターン（NGSR）では，彗星核の表層下の凍ったままの標本回収が期待される．地上の最先端の大型実験装置で分析できるからだ．技術的なハードルは高く，軌道的に往復可能な彗星も限られる．そうした中でもさまざまな可能性が検討されて，2030年代半ばの打ち上げと，2040年代半ばのサンプルリターンの実現が目標になっている．

4 探査機時代に地上観測が期待されること

探査機は決定的ともいえる成果をもたらすが，こうした進歩にもかかわらず，探査ミッションは依然としてまれであり，多様な母集団内のごく少数を対象としたものに限定される．個性的な彗星たちの違いを考えれば不十分と言わざるを得ない．したがって地上観測は，彗星の多様性を研究する上で，今後も重要だ．また，探査ミッションを成功に導くためにも，目標天体を事前によく調べる必要があり，観測キャンペーンが行われることが多い．その後の探査機の成果は，地上観測による事前予測の答え合わせとなり，答え合わせをできない他の観測や予測のよい評価基準となる．これらの点からも，とりわけ大型望遠鏡を向けにくい，太陽に近づいて明るくなっている時期の彗星の地上観測の重要性は，今後も変わることなく，より一層の成果が期待される．

CHAPTER 2-10 彗星と地球生命のつながり

2023年末現在，太陽系外惑星の発見数は5566個に達した．生命はいつ，どこで，どのようにして生まれたのか．地球以外にも生命が存在するのか．これは，宇宙はどのようにして誕生したのかというのと同じくらい深遠なテーマだ．

1 生命はどこから来たのか

宇宙空間には生命の種が漂い，地球上の最初の生命はそこからもたらされたとする考えは，1787年にラザロ・スパランツァーニ(1729-1799)が提唱したとされる．生物学の研究に実験的手法を導入したことで知られ，生命の自然発生説を否定した実験は特に有名だ．

当時，微生物はスープなどの栄養分から自然発生すると信じられていたが，密封し加熱した容器内では微生物が発生しない事実から，生命は生命によってもたらされる（子は親によってもたらされる）ことを証明した．彼が地球上の生命は宇宙から飛来したと考えたのは当然なのかもしれない．

2 人体を作る元素

生体内に存在する元素で比較的多いのは，水素(H)，炭素(C)，窒素(N)，酸素(O)，リン(P)だ．これらの5元素で97%にも達する（表2-5）．リンは骨に豊富に存在し，ナトリウム(Na)，マグネシウム(Mg)，塩素(Cl)，カリウム(K)，カルシウム(Ca)，鉄(Fe)は，おもに体液中に，硫黄(S)はタンパク質を構成するアミノ酸に含まれている．

これらを**常量必須元素**という．このような元素は，恒星を輝かせる核融合によって合成され，それらの恒星が超新星爆発を起こしたり惑星状星雲になって，星間空間に放出されたりしたものだ(p.3参照)．宇宙における元素の存在度（図2-82）と，人体を構成する主な元素（表2-5）を比べてみると，人体などの生命は，宇宙にごくありふれた元素によって成り立っている．

【表2-5】人体を構成する主な元素
(ICRP Publication 23, *Report of the Task Group on Reference Man*, 1974. p.327 を参考に作成)

元素	記号	重量(g)	体量に対する重量(%)
酸素	O	43,000	61
炭素	C	16,000	23
水素	H	7,000	10
窒素	N	1,800	2.6
カルシウム	Ca	1,000	1.4
リン	P	780	1.1
硫黄	S	140	0.20
カリウム	K	140	0.20
ナトリウム	Na	100	0.14
塩素	Cl	95	0.12
マグネシウム	Mg	19	0.027

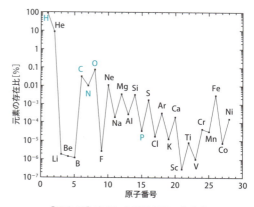

【図2-82】宇宙における元素の存在度
（緑字は人体の97%をしめる5つの元素）

3 アミノ酸

分子レベルの生命体の基本構成要素は，アミノ酸($RCH(NH_2)COOH$；Rはさまざま)だ．タンパク質は20種類のアミノ酸の組み合わせでできている．その起源については，大きく分けて二つの考え方がある．地球誕生後に地球内で作られたという説と，宇宙から飛来したという説だ．現在，隕

石や小惑星，そして彗星のなかにさまざまなアミノ酸が含まれていることがわかっている．つまり，生命材料の一部は宇宙空間ですでに用意されていて，地球表層が冷えてから輸送された可能性があるのだ．

生化学反応の中で，重要な役割を果たす酵素の中心は，**アラニン**などのもっとも合成されやすいアミノ酸が占めている．宇宙空間や実験室で無機的に合成されるアミノ酸には，鏡に写したように対称的な分子構造（鏡像異性体，キラリティー）をもつD型，L型（図2-83）が半分ずつ含まれるが，地球生命が利用しているのはL型だけだ．

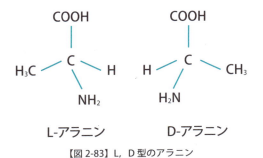

【図 2-83】L, D 型のアラニン

そして，驚くべきことに，彗星などに含まれるアミノ酸はL型が通常より多い．生物の共通の祖先となる原始生命の発生段階のどこかでL型の選択が行われたのか，もともとL型の多いところで生まれたのか，原始太陽系円盤への特殊な偏光（p.13参照）の照射がL型を偏在させたとする説もあるが，詳しいことはわかっていない．

④ 生命の化学進化

元素から複雑な化合物ができてタンパク質に至るまでの過程を化学進化とよんでいる．生物として認定されるのに必要な条件は次の3点だ．

(1) 外界との境界をもつ
（物質で構成され，認識できる個体をもつ）
(2) エネルギー代謝をする
（呼吸や摂食排泄など外界と物質循環がある）
(3) 子孫を残す
（個体の寿命は有限だが遺伝情報を伝達する）

ただし最近では，AIによるロボットの生産が現実味を帯びてきているので，それを排除する条件も必要かもしれない．ちなみにウイルスは(2)を単独で行えないことから生物には含まない．

さて，宇宙起源あるいは地球表層で無機的に合成された有機物が，当時の海水中にあふれていたとしよう．これらのアミノ酸が生化学的に意味のある配列をもつ高分子のタンパク質になったと考える．触媒反応や重合を行うだけでは，まだ無生物と生物のあいだだ．自己複製能力（子孫を残す）がなければ，一個体で消滅してしまう．生命の誕生とは，遺伝情報伝達の確立を意味している．

現存する生物は，細胞中の**DNA**をとおして子孫に遺伝情報を伝達している．DNAを用いた遺伝機構が確立される前は，**RNA**を用いた段階があっただろう．その前には，タンパク質そのものが情報伝達したかもしれない．遺伝情報の伝達に成功した生命体は，周囲との境界として**リン脂質**の膜をもつようになり，タンパク質の合成と**ATP**（アデノシン三リン酸；$C_{10}H_{16}N_5O_{13}P_3$）を利用したエネルギー代謝の機能を獲得して生物となったのだ．

ATPは，エネルギーを必要とする生物の反応過程には必ず使用されている．**リン酸基**同士の結合はエネルギー的に不安定なので，新たに生成する安定な化学結合が起こると，その生成に伴ってエネルギーを放出する．全ての生物の細胞内に存在し，**リン酸**（H_3PO_4）分子が結合したり分離したりすることで，エネルギーの貯蔵と放出，物質の合成や代謝といった生命活動の根本を担っている．例えば，光合成，細胞増殖，筋肉収縮，呼吸や発酵などに必要で，いわば生体内のエネルギー通貨といったところだ．

最初の生物は，気の遠くなるような時間をかけて，こうした能力を獲得したようだが，恒星内部の元素合成理論や生命が宇宙から拡がったという**パンスペルミア（胚種）仮説**で有名なフレッド・ホイル（1915-2001）は，単細胞生物がランダムな過程で発生する確率を，がらくた置き場を竜巻が通過したらボーイング747（ジャンボジェット機）が組み立てられていたようなものと比喩している．

5 彗星の有機物

　彗星の組成(p.30参照)は，まさに水と有機化合物の宝庫であり，生命材料の供給源になり得る存在だ．ハレー彗星では，「ジオット」(p.42参照)によって，それまで地上からは未発見だった炭素・水素・酸素・窒素からなるCHON粒子とよばれる微粒子が検出された．スターダスト(p.43参照)が採集したヴィルト第2彗星 81P/Wild のサンプルからは，生命に欠かせない成分であるグリシン($C_2H_5NO_2$)が発見されている．さらに，彗星のダストが地球に到達した際に見せる流星群で，しし座流星群の分光観測からは，炭素原子が検出され，他にも地球に落下した隕石の中から有機物や水が検出された例は数多い．

　彗星核にアミノ酸の基となる炭素(C)が豊富に存在することは，コマの分光観測などから判明していた．チュリュモフ・ゲラシメンコ彗星 67P/Churyumov-Gerasimenko の核表面で，「フィラエ」(p.48参照)はイソシアン酸メチル(C_2H_3NO)，アセトン(C_3H_6O)，プロピオンアルデヒド(C_3H_6O)，アセトアミド(C_2H_5NO)の4種類の有機化合物を新たに確認したが，アミノ酸は検出していない．

　一方，「ロゼッタ」(p.46参照)の質量分析計COSIMAは彗星周辺で酸素分子(O_2)やリン(P)，硫黄(S)，メタノール(CH_3OH)を検出した．宇宙空間で酸素分子はすぐ分解してしまうので，分子の状態で発見されることは珍しい．硫黄はシステイン($C_3H_7NO_2S$)やメチオニン($C_5H_{11}NO_2S$)といったアミノ酸にも含まれている．

　そして，何よりもグリシン($C_2H_5NO_2$)を検出した．グリシンはコラーゲンなどの動物性タンパク質に多く含まれる．既に1969年9月28日にオーストラリア・ビクトリア州に落下したマーチソン隕石や，「スターダスト」のサンプルから検出されていたが，地球上での汚染の恐れのない，その場測定で検出されたのは初めてだった．

6 地球の水の起源と輸送

　現在の地球は表面積のおよそ7割を海洋が覆う水の惑星だ．地表や大気圏，そして地下にも，液体の水，固体の雪氷，気体の水蒸気とさまざまに姿を変えた水が地球を循環し，生物の生存を可能にしている．人体では体重のおよそ6～7割が水で，それも地球の水の循環の一部なのだ．

　地球の水は，微惑星に含まれていた水分が雨になって降り注いだと考えられている．しかし，誕生初期の地球は微惑星衝突のエネルギーや放射性元素崩壊熱により非常に高温で，表面はマグマで覆われていた．水は蒸発して散逸したはずだ．現在の地球の水は，地球表面が冷えて固まった後に衝突した小天体が供給したらしい．41億年前から38億年前の後期重爆撃期(p.23参照)は，38億年前とされる最初の生命誕生の前の時期だ．では，水を供給したのは彗星か小惑星のいずれであろうか．氷天体である彗星と考えるのは自然だが，水分子に含まれる重水素(D)と水素(H)の比(D/H比)によって，推定できる証拠が見つかっている．「ロゼッタ」が測定したD/H比は地球の水とは異なっていた．測定または推定されているさまざまな天体と比べると，地球の水のD/H比は彗星より小惑星に近い(図2-84)．同様に，地球大気中にも微量に含まれるキセノン(Xe)などの同位体比も比較研究されている．

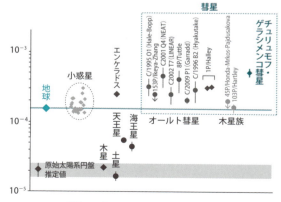

【図2-84】さまざまな天体の D/H 比
(Data from Altwegg *et al*. 2014 and references therein を参考に作成)

7　地球環境と生物への影響

　約2億5000万年前の三畳紀に現れ，ジュラ紀から白亜紀へと，中生代を通して繁栄した恐竜に代表される当時の生物群は，約6550万年前の白亜紀末に大量絶滅した．この原因が地球への天体衝突にあるとする説を最初に唱えたのは，ルイス・アルバレス(1911-1988)とウォルター・アルバレス(1940-)父子で1980年のことだ．世界的規模の広範囲で，中生代白亜紀と新生代古第三紀の境界の地層中に，地表には希少な元素であるイリジウム(Ir)が過剰に濃集していることを発見し，これが隕石中に多くみられる元素であることから，直径10 kmほどの天体衝突によってもたらされたものだと考えた．

　この仮説は，1991年にメキシコ・ユカタン半島で，重力異常の観測などから白亜紀末に形成されたとみられる直径180 km以上のクレーター(チチュルブ・クレーター，図2-85)が埋もれていることが発見されると，広く支持されるようになった．2010年，科学誌『サイエンス』に特集された，さまざまな分野の研究者が協力した論文によれば，衝突した小惑星は直径10〜15 km，速度は秒速約20 km，衝突地点付近で発生した地震の規模はマグニチュード11以上，生じた津波は高さ300 mと推定されている．

　これほどのカタストロフィーでなくても，規模を問わなければ，天体衝突は日常的に起きている．1908年6月30日にシベリアで起きたツングースカ大爆発では，半径20〜30 km，約2150 km²に及ぶ推定80万本の針葉樹がなぎ倒された(図2-86)．隕石落下に伴う明確なクレーターの地形が見られないことから，彗星核が上空で爆発したとする説があるが，爆心地付近からイリジウム(Ir)が検出されたことから，隕石が空中爆発したとする説が有力だ．いずれにせよ天体衝突によって引き起こされた現象であることは確実視されており，爆心地から約1000 km離れた家の窓ガラスが割れたという記録があることか

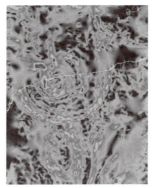

【図2-85】ユカタン半島チチュルブ村を中心に同心円状に広がる重力異常の分布

【図2-86】1927年に撮影された倒木地帯のようす

ら，エネルギーは42〜63 P(10^{15}) J，TNT火薬換算で10〜15 Mtと推定されている．

　2013年2月15日には，ロシアのチェリャビンスク州上空で，直径約17 mと推定される隕石が爆発し，衝撃波で7420棟の建物の窓ガラスが割れて1586人が重軽傷を負った．回収された破片から，ケイ酸塩(SiO_2)鉱物を主要組成とする普通コンドライトの石質隕石であることが判明した．

　これらさまざまな規模の被害の実例は，ひとたび大規模な天体衝突が起きれば大惨事となることに警鐘を鳴らしている．現在，地球近傍に軌道をもつ小天体の発見が，自動捜天システムなどで進められているが，それは**プラネタリーディフェンス**のためでもある．地球に生命の材料物質や生存可能な環境をもたらしたかもしれない彗星や小惑星の衝突は，一方でその存続に脅威を与え，時には生物進化の道筋にまで大きな影響を及ぼしてきた．確率が低くタイムスケールは大きいものの，地球生命にも関わる，その状況は変わっていない．

column

星間彗星

2017年10月19日，マウイ島のパンスターズ自動掃天システムが，高速で移動する20等級ほどの天体を発見した．コマは見られなかったものの，小惑星らしからぬ運動から新彗星の符号 C/2017 U1（PANSTARRS）が与えられた（p.19参照）．しかしすぐ小惑星 A/2017 U1 に修正され，さらに星間天体を表す新たな符号が作られて，ハワイ語の「遠方からの初めての使者」を意味するオウムアムア 1I/'Oumuamua と名付けられた．

この符号の変遷が，かつてない特異性を物語る．離心率は1.201，太陽に束縛されない双曲線軌道だ（p.20参照）．カレン・ミーチらによれば，25光年離れたベガの方向から飛来したが，この天体の速度でも60万年ほどかかり，その間にベガも移動しているので故郷の可能性は低いとのことだ．光度の大きな周期変動（図2-87）からは，極端に細長い形状も推定された（図2-88）．

謎を多く残したまま太陽系を駆け抜けていったオウムアムア発見から2年も経たない2019年8月30日，2例目の星間天体が発見された．**星間彗星ボリソフ 2I/Borisov** だ．アマチュア天文家ゲナディ・ボリソフが自作の65 cm反射望遠鏡で発見した．コマをもち（図2-89），当初は太陽系の彗星符号 C/2019 Q4（Borisov）が与えられたが，軌道が確定すると離心率は3.356，オウムアムアをはるかに超えていた（図2-90）．

既に遠ざかるころ発見されたオウムアムアと違って，近日点（2.007 au）通過前に発見されたボリソフは，地球から遠くてもさまざまな観測を試みるだけの時間的余裕があった．

デニス・ボードウィッツらのハッブル宇宙望遠鏡による紫外線分光観測（p.14参照）では，内部太陽系（<2.5 au）の彗星で以前に測定された3倍以上，水（H_2O）に対する一酸化炭素（CO）比が高かった．彼らは，我々の星とは異なる星の原始惑星系円盤の氷の含有量と化学組成を垣間見たと，科学誌『ネイチャー・アストロノミー』に報告した．

2023年末時点で，確実な星間天体はこの2例に限られ，星間彗星と言い切れるのは1例だけだ．惑星系による相違を知るために，更なる星間彗星の発見が期待され，新たな捜天システムが計画されている．

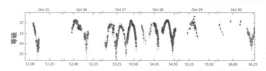

【図2-87】オウムアムアの光度変化（抜粋）
（Jewitt and Seligman, "The Interstellar Interlopers", *Annual Reviews of Astronomy and Astrophysics*, Volume 61(2023):197-236.）

【図2-88】オウムアムアの形状の想像図（NASA）

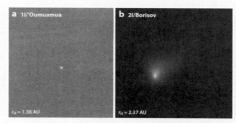

【図2-89】（左）オウムアムアと（右）星間彗星ボリソフ
（NASA/ESA/Hubble/D. Jewitt, UCLA）

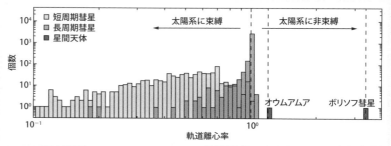

【図2-90】太陽系の彗星とオウムアムアとボリソフの離心率（Jewitt and Seligman, 2023を参考）

第3章
彗星を撮る
OBSERVATION OF COMETS

彗星の写真を撮ってみよう．
最近のデジタルカメラの性能は素晴らしく，
美しい彗星の写真が撮れるばかりか，
ほんの少しの工夫をすれば科学的な測定まで可能だ．
あなたの撮ったその一枚が彗星科学に新たな知見をもたらすかもしれない．

CHAPTER 3

1 彗星を見よう

彗星は流星のように，一瞬のうちに光り消えない．尾（テイル）を引いた姿で星座の中をゆっくり進んでいく．最も雄大な姿が見られるのは，太陽に近づいたときなので，夕方や朝方の低空が多い．

1 彗星観測はアマチュアが活躍する

　彗星の一日の動きは，速くても角度で数度だ．観測は，暗い空で地平線まで見渡せる場所がよい．彗星は，太陽に近づくと明るくなり，地球に接近すると大きく見える．大望遠鏡は構造上の問題で，あまり低空には向かないため，アマチュアの持っている小型の望遠鏡や，小さなカメラが活躍することが多々ある．また，テイルが発達した彗星を観察するには，望遠鏡よりも視野の広い双眼鏡の方が適している．同様に，風景や人物を写すためのレンズを付けたカメラも，彗星の撮影に向いているといえる．

2 位置と明るさを知る

　彗星がどこに見えるかという情報は，明るい彗星になれば，天文雑誌，インターネットから手に入れることができる．肉眼や小口径望遠鏡ならばそれで充分だろう．
　位置情報には，高度・方位で表されたものと，赤経・赤緯で表されたものがある．前者の場合は，何月何日の何時の空，さらに方角が示されている（図3-1）．後者の場合は，星図とともに彗星の位置が示されているので，該当の星座を見つけるか，特徴ある恒星の並びを参考にして，彗星の位置を見いだす．
　彗星は太陽に近いときが観測好機であるため，太陽が沈んでから，あるいは昇る前の完全に暗い空ではない時間帯の観測もありうる．地球には大気があるため，夕方であれば日没と同時に真っ暗にはならず，1時間ほど薄明るい空が続く．これ

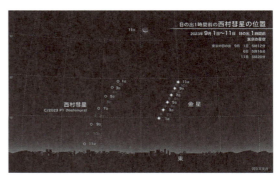

【図3-1】西村彗星 C/2023 P1（Nishimura）の情報
（国立天文台 ほしぞら情報 2023年9月）

を**薄明**とよび，精密な光度の観測には適さないが，彗星の活動変化を調べるには，この時間帯での観測が望まれることもある．また，彗星は広がった天体であるため，月明かりの影響を強く受ける．夕方，朝方に月が近くにあるときだけでなく，空に月が見えている時間帯では，淡い部分が見えにくくなる．
　まれには，朝方の薄明ぎりぎりで，彗星の本体（核やコマ）が地平線下にあっても，長く伸びたテイルだけが見えることもある（図3-2）．また，日中に太陽近くに見える彗星も出現するが，観測にはかなりのリスクがともなう．最も危険なのは，双眼鏡などを安易に用いて太陽光が入る場合だ．

【図3-2】地平線からテイルだけが見えたマクノート彗星
C/2006 P1（McNaught）（米戸実 撮影）

この場合には，失明する恐れがある．カメラによる撮影も，太陽光によって撮像素子が壊れたりするため，かなりの熟練者でないと勧められない．

さまざまな悪条件下であっても，明るい彗星は他の星を圧倒する雄大な姿を見せる．その光景は，天文界のみならず多くの人の話題をさらうのだ．

③ 彗星の色

彗星がどのような波長の光を放出しているかが分かっていると，目的に応じた観測ができるようになる．図3-3に，主な彗星の発光要素を示す．

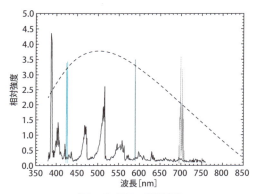

【図3-3】彗星の発光要素
実線（黒）：ラジカルの輝線，実線（緑）：プラズマテイルの輝線，
破線：太陽光の反射光

彗星からの可視光線は，大きく分けて2種類だ．ダストによる太陽光の反射である連続光と，ガスによる特定の波長の輝線である．太陽光は500 nm付近の波長でもっとも強くなる．ガスの中で，彗星に多く見られるのはC_2であるが，その輝線がもっとも強いのは，510 nm付近のものだ．したがって，ほとんどの彗星は緑色の光が強い．CNの輝線もよく観測されるが，385 nmという波長は，肉眼やカメラで感度が低い波長だ．まれに，C_2が欠乏しているような彗星で，青色に近いものもある．

プラズマテイルの輝線はCO^+ 425 nm，H_2O^+ 700 nmが強い．多くの場合は，CO^+が強いため，青白いテイルとなる．ダストテイルは，太陽光の反射であるため，ほとんど白色に近いといえる．Naテイルは589 nmで橙色に近い．カラーで撮像すると，テイルの色の違いはわかるが，肉眼で見分けることは難しい．

④ 肉眼で見る

肉眼で見ることのできる，最も暗い恒星は，理想的な澄んだ夜空，暗い環境のもとで，6等星だ．彗星の明るさは，雲状に広がった天体であるため，その全体の明るさを足し合わせた光度としている．そのため，6等級の彗星を肉眼で見ることは難しい．4等級程度まで明るくなれば観察可能であると考えてよいだろう．

天体観測で注意すべきことは，眼を暗さに慣らすことだ．たとえば映画館，プラネタリウムなどで，外の明るい廊下から館内に入ったばかりのときは，座席の配置，階段などが見えにくいが，次第に眼が慣れてくるとわかるようになるだろう．夜空を見上げて，最低でも5分，できれば20分くらいは眼を慣らす時間をとったほうがよい．

肉眼で天体観察をすると，明るい星は色がわかるが，暗い星はわからない．これは，ヒトの視細胞の構造に起因している（図3-4）．昼間は，青緑赤の色を判別することができる錐体細胞が機能するが，暗くなると桿体細胞に切り替わる．桿体細胞は明暗の区別はできるが，色の識別はできない．錐体細胞から桿体細胞への切り替えは**暗順応**とよばれ，時間がかかる．観測時に暗闇に目を慣らさないと見えない理由だ．一方，逆の切り替えは**明順応**とよばれ，これは一瞬で起こる．桿体細胞の分光感度は，500 nmが中心であるので，観測時にはその波長域の光を含まない赤色ライトがよく使われる（図3-5）．

彗星が緑色に見えるのは，C_2の輝線が強い場合だ．しかし，三色の錐体細胞の感度が低いところにあたり，明るい彗星か，望遠鏡などで光を多く集めないと，緑色は鮮やかに見えない．また，桿体細胞の働くような暗い彗星の色を認識することは難しい．ところが，カラーのCMOSカメラの分光感度はGの領域が高く，緑色の彗星コマがよく

写る．ちなみに，紫色は青色より波長が短いとされるが，青錐体に赤錐体の二次的なピークが重なって作り出されているため，波長的には擬色といえる．

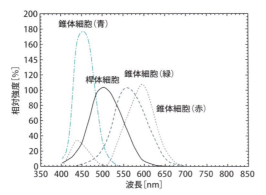

【図3-4】ヒトの視細胞の分光特性

【図3-5】赤いテープをつけたライトと赤色ライト

5 双眼鏡で見る

天体望遠鏡を覗くと，対象天体の上下左右が逆さまである．目的天体を視野に入れるためには，ちょっとしたコツが必要だ．一方，双眼鏡は目標物が正立して見えるようにプリズムを使っているため，肉眼と同じ感覚で使え，倍率も低く視野も広い．両目で観察できることから意外に細かい構造も見えてくる．長いテイルを引く明るい彗星の観望には，絶好の道具だ．当然ながら，肉眼では見つけることのできない，暗い彗星を見ることができる．

双眼鏡の性能は，「10×50　5°」という表示であれば，倍率10倍，光を集める対物レンズが50 mm，視野の広さが5°であることを示している（図3-6）．双眼鏡を手で持ったまま天体を観察するには，10倍が限度だ．それ以上になると三脚に固定しないと安定しない．レンズの直径（口径）Dの大きな双眼鏡ほど光をたくさん集められるため，より暗い星が見える．肉眼の瞳径D_{eye}は，暗所で最大に開いた場合に約7 mmである．肉眼に対して何倍の光を集められるかを集光力Cとよぶ．口径$D = 50$ mmの双眼鏡の集光力は次のように求められる．

$$C = \frac{D}{D_{eye}} = \frac{50^2}{7^2} = 51$$

この集光力をもった双眼鏡で天体を観測すると，どの程度の暗い恒星M_sまで見えるだろうか．人間の眼の限界等級は6等星なので，ポグソンの式で次のように求められる．

$$M_s = 2.5 \cdot \log_{10} C + 6.0 = 10.3$$

【図3-6】双眼鏡（上）手前から7×42, 10×50, 16×70，（下）星空観察用双眼鏡

6 望遠鏡で見よう

さらに暗い彗星を見るためには，たくさんの光を集めることのできる望遠鏡が必要だ．望遠鏡を支える架台にもさまざまな形式がある．

（1）望遠鏡と接眼レンズ

　口径が大きければ暗い恒星が見えてくるが，点光源の恒星に対して彗星は面光源であるので，広がったコマやテイルの見え方は明るい光学系の方が優れている．この目安が射出瞳径 B だ．$D=100$ mm，焦点距離 $f=1000$ mm，F10 の対物レンズ（鏡）に，焦点距離 $f'=25$ mm の接眼レンズを装着すると倍率 M，射出瞳径 B は，

$$M = f/f' = 40$$
$$B = D/m = 100/40 = 2.5 \text{ mm}$$

比較として，10×50 の双眼鏡であれば，

$$B = 50/10 = 5 \text{ mm}$$

となるから，双眼鏡の方が明るいことになる．ただし，射出瞳径の大きさには限度がある．人間の眼の瞳径は最大 7 mm 程度なので，これ以上大きくしても光が無駄になる．また，空が明るいときには射出瞳径が小さい方が背景も暗くなり見やすい．望遠鏡の利点は，接眼レンズを変えて，さまざまな倍率で天体を観測できることだ（図3-7）．彗星観測には 3〜5 mm 程度の射出瞳径になるように，望遠鏡の口径，焦点距離，接眼レンズを選ぶとよい．

ではなくなる．望遠鏡には，天体を導入するためのファインダーという小望遠鏡が付属しているが，双眼鏡と異なり上下左右逆像であるため，注意が必要だ．

　望遠鏡の架台には，経緯台式と赤道儀式の二種類がある（図3-8）．どちらも，ソフトウェアと連動しているものが多く，肉眼で見るだけならば，大きな差はないと言えるだろう．経緯台式は高度・方位の方向に動くため，直感的に操作できる．明るい彗星ならば，マニュアル操作でも望遠鏡を向けやすい．経緯台式はソフトウェアで両軸の回転を制御しながら，日周運動に合わせて動かす．赤道儀式は，天の北極に向ける極軸と，それと垂直な赤緯軸で構成されている．極軸を天の北極に合わせる必要があるが，極軸の回転だけで日周運動を追いかけることができる．

【図3-7】さまざまな焦点距離の接眼鏡

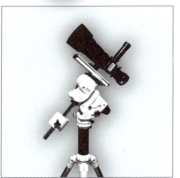

【図3-8】経緯台式（上），赤道儀式（下）

（2）望遠鏡の種類と架台

　望遠鏡の種類には，レンズを使った屈折望遠鏡と，鏡を使った反射望遠鏡，レンズと鏡を組み合わせたものがある．望遠鏡を支える器械部分（架台）は，大口径ならば大型となり，持ち運びが楽

CHAPTER 3-2 ソフトウェア

彗星の情報を得ることから始まり，望遠鏡，カメラの制御，画像処理，測定計算に至るまで，今や，コンピュータとソフトウェア，およびネットワークの活用は欠かせない．代表的なソフトウェアを紹介する．

1 動作環境

ここで紹介するソフトウェア（アプリ）の基本的な動作環境は，次のように省略して記載した．

Win	Windows	Mac	Mac OS
iOS	iPhone, iPad	And	Android
Lnx	Linux	Web	Web上での対話型環境

ただし現実的には，Windows11でAndroidアプリが動作する．Mac OSではバーチャル環境でWindowsが動作するし，AppleチップMシリーズ搭載機種では，iOSアプリも使えるようになった．特定のライブラリを使用しない限り，OS依存はなくなりつつある．

パッケージ販売されているもの（パケ版），ダウンロードして一定額を支払うもの（DL版），および無償で使用可能（フリー）なものがある．最近では，統合型のソフトが多く，ジャンル分けができない多用途のものが増えている．詳しい使用方法は，関連する各章に記載した．

2 彗星の見える位置を知る

観測場所と日時を指定すれば，見える星空が画面に表示される．GPSと電子コンパスの使える端末では，自分が向いている方向の空を表示させることができる．

★ステラナビゲータ　Win　パケ版　DL版
株式会社アストロアーツ

定番のプラネタリウムソフト．望遠鏡の制御から各種データの表示まで可能だ．彗星，小惑星，超新星などの最新データを，インターネットからダウンロードして位置を表示させることができる．彗星のダストテイルの詳細表示が，唯一可能なソフトウェアだ．

ユーザーが作成した天体（あるいは座標）のリストを星図上にプロットしたり，画像を星図上に位置を合わせて貼り付ける機能も役に立つ．

★SkySafari　Win　Mac　iOS　And　フリー　DL版
Simulation Curriculum Corp.
https://store.simulationcurriculum.com

望遠鏡制御と星図のセットで，多様なOS向けのさまざまなバージョンがある（図3-9）．彗星の最新データもインターネットからダウンロードができる．観測システムの軽量化に適している．

【図 3-9】SkySafari for iPad

★iステラ　iOS，スマートステラ　And　DL版
株式会社アストロアーツ

望遠鏡制御には対応していないが，彗星の最新データを自動的にダウンロードして表示する（図3-10）．彗星の個々の情報は少ないが，気軽に観測できるという点では優れている．

【図 3-10】i ステラ HD for iPad（アストロアーツ）

★ Stellarium　`Win` `Mac` `iOS` `And` `Lnx` `フリー`

Fabien Chéreau *et al.*
https://stellarium.org/ja/

　多くの OS 上で動作するプラネタリウムソフト．コンピュータ版は，最新の彗星のデータのダウンロードなどの機能があるが，スマホ版は省略されている．

★ DSS Web バージョン　`Web`

ESO Online Digitized Sky Survey
https://archive.eso.org/dss/dss

　ネットワーク上の詳細星図である．アメリカ Oschin Schmidt Telescope とイギリス Schmidt Telescope を使用して取得された写真データに基づいている．

 3 望遠鏡，カメラ制御

　彗星の導入，望遠鏡制御，カメラ制御，さらに画像処理まで行えるものもある．

★ ASCOM　`Win` `Mac` `Lnx` `フリー`

Astronomy Common Object Model
https://ascom-standards.org

　統合型のソフトウェアを使用するには，最初に ASCOM プラットホームを導入し，それぞれの機器を制御する．各メーカーのダウンロードサイトでは，ASCOM に対応した望遠鏡架台，ドーム，フォーカサー，フィルタ，CMOS カメラなどの各種ドライバが用意されている．ASCOM のサイトには一眼カメラのドライバもある．

★ PHD2　`Win` `フリー`

Max Planck Institute, Intelligent Systems
https://openphdguiding.org

　ガイドの定番ソフトウェアである．ガイド望遠鏡に CMOS カメラを装着し，リアルタイム画像からフィードバックをかけて架台制御をするものである．彗星を追いかけるモードもある．また，日本語マニュアルも公開されている．

★ ステラショット　`Win` `パケ版` `DL版`

株式会社アストロアーツ

　ステラナビゲータの基本機能に，カメラコントロールを追加したものだ．天体の導入に星図とのマッチング（プレートソルビング）を用いており，精度よく彗星を導入できる．画像をリアルタイムで重ね合わせする機能（スタック）も備えている．CMOS カメラ，一眼カメラにも対応し，最新版では，一部の機種のフィルタホイールに対応する．

★ ASIAIR アプリ　`iOS` `And` `その他` `市販ハードウェア専用`

ZWO Co. Ltd.
https://www.zwoastro.com/software/

　望遠鏡架台とカメラを繋ぐハブ機器を制御するソフトウェアだ．各機器の電源供給などもでき，スマホと WiFi で繋げられるため，コンパクトで使いやすいシステムが作れる．プレートソルビングのほか，多種の機能をもっている．

★ Maxim DL　`Win` `パケ版` `DL版`

Diffraction Limited
https://diffractionlimited.com/product/maxim-dl/

　古くからある統合型ソフトウェアである．現在市販されている同種のソフトの手本であるといわれている．観測から解析ソフトまでを，すべてパッケージ化したものだ．

★ Astroart Win バケ版 DL版

MSB Software

https://www.msb-astroart.com/

　画像処理，位置測定，測光，カメラおよび望遠鏡制御のためのソフトウェアで，主要なカメラ，望遠鏡，フィルタホイール，フォーカサーなどがサポートされており，観測の自動化が簡単なスクリプトを実行できる．測光はバッチ処理で行える．自動レポート機能により，大量の画像を測定するのに適している．高度なデジタルフィルタ（適応型ノイズ除去，最大エントロピーデコンボリューション，適応型勾配除去，アンシャープマスク，デブルーミング，ホットピクセル除去，DDP，FFT，マスクなど）を備える．ラーソン・セカニナ・フィルタ（Larson-Sekanina Filter）などの，彗星に適したフィルタもある（図 3-11）．

【図 3-11】Astroart
（ホームズ彗星 17P/Holmes の画像に
ラーソン・セカニナ・フィルタを適用）

★ N.I.N.A. Win フリー

Nighttime Imaging 'N' Astronomy

https://nighttime-imaging.eu/

　Maxim DL のサブセットの機能をもち，主に撮像に特化している統合型である．さまざまな機能の仕様が公開されているプロジェクトだ．ASCOM 対応の機器ならば，すべて制御できる．

★ Astro Photography Tool：APT Win DL版

Distinct Solutions Ltd.

https://astrophotography.app/

　撮像に特化している統合型である．フィルタを含めたスケジュールファイルを簡単にカスタマイズできる．CMOS カメラだけでなく，一部の一眼カメラにも対応している．

★ ASI Studio Win Mac Lnx その他 メーカー指定

ZWO Co. Ltd.

https://www.zwoastro.com/software/

　ZWO 社の CMOS カメラに付属する撮像用の統合ソフトウェアだ．細かな指定はできないが，日本語化されているため，戸惑うことなく操作できる．通常の撮影だけでなく，スタックもできるソフトウェアが同梱されている．また，ASIFitsView は，非常に軽く，撮像された画像をその場でチェックするために重宝する（図 3-12）．

【図 3-12】ASIFitsView による FITS ヘッダ表示

★ SynScan Win Mac iOS And
その他 メーカー指定

Pacific Telescope Corp.

https://skywatcher.com/download/software/synscan-app/

　Sky-Watcher 社の架台であれば，OS によらず，ほとんど同じインターフェイスだ．スマホやタブレットにも対応しているため，初心者にも簡単に望遠鏡制御ができる．彗星導入モードもあり，インターネットを使って，最新の情報を得ることができる．

 画像解析

　サポートされる画像フォーマットに FITS 形式が含まれることは必須といってよいだろう（p.69 参照）．鑑賞用として人間の眼に訴えるためには，Adobe 社の Photoshop や各カメラメーカーの現像ソフトを使えばよい．天体画像解析には，それに見合ったソフトがあるのだ．

★マカリィ（Makali`i）　Win　フリー
国立天文台
http://makalii.mtk.nao.ac.jp/index.html.ja

　国立天文台とPAOFITSグループが共同開発した画像処理ソフトだ．一次処理を含めた画像間演算，測光，位置測定，分光，WCS表示など，天体画像の解析に必要と思われる機能をほとんど実装している．また，測定結果をCSV形式で出力することができる．マウス操作が可能になったIRAFのサブセットと言えるだろう（図3-13）．

　測定方法は細かな設定が可能で，研究用としても使用可能な機能をもっている．多くのファイル形式の読み書きができるが，JPEGなどの非可逆変換ファイル形式には，機能制限がつくという徹底したポリシーをもっている．英語版も作られており，世界的にも評価の高い画像処理ソフトである．マニュアルや活用例が，ソフトの配布ページに置かれている．

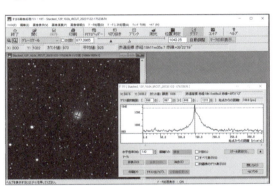

【図3-13】マカリィ（プロファイルの測定）

★raw2fits　Win　フリー
星空公団
https://www.kodan.jp/?p=products

　デジカメのRAW形式のファイルを，FITS形式に変換するソフトウェアだ．最新の一眼カメラにも対応が早い．

★raw2fits_win　Win　フリー
PAOFITS ワーキンググループ
https://paofits.nao.ac.jp/raw2fits_win/

　raw2fitsをWindow環境で，マウス操作できる環境を作るソフトウェアだ．処理を一括してできるため便利である．

★SAOimage DS9　Win　Mac　Lnx　フリー
Smithsonian Astrophysical Observatory
https://sites.google.com/cfa.harvard.edu/saoimageds9

　FITSのビューワーとしては，最も高機能だ．すべてのFITS形式をサポートし，WCSに対応している．等光度線（コントア）の作成などは，測定に対応した細かい指定ができる（図3-14）．また，圧縮された画像フォーマット形式の読み書きも可能だ．ただし，画像間の演算はできない．IRAFの標準画像表示用ソフトウェアでもある．Pythonのプラグインも提供されている．

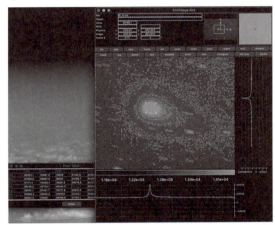

【図3-14】SAOimageDS9（ピクセルデータ表示，X-Yプロファイル）

★GIMP　Win　Mac　Lnx　フリー
https://www.gimp.org

　Adobe社のPhotoshopと同等の機能をもつフリーソフトであり，ひと通りの機能を備えている（図3-15）．日本語マニュアルも多く出版されている．画像間演算はできないが，圧縮された画像フォーマット形式の読み書きも可能である．プレゼン資料作成に適している．

★ステライメージ　Win　パケ版　DL版
株式会社アストロアーツ

　ほとんどの画像ファイル形式の入出力をサポートしている．最新のデジカメRAWフォーマットにも対応しているため，FITSに変換する場合に

は頼りになる．デジカメから冷却CCD，CMOSカメラまで使える．恒星時追尾で撮られた彗星画像をメトカーフ法でコンポジットしたり，コマの微細構造を抽出するツールなど，彗星の撮像観測をサポートする豊富なメニューが揃っている（図3-16）．

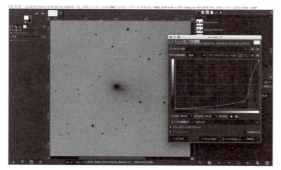

【図3-15】GIMP（色調反転とトーンカーブ調整）

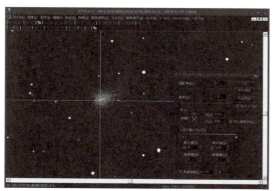

【図3-16】ステライメージ（アストロアーツ）
（ローテショナルグラディエント処理）

★ Astrometrica　Win　DL版

Herbert Raab

http://www.astrometrica.at

　彗星の位置測定においては，定番のソフトウェアであり，各種星表もダウンロードできる．

★ OribitLife　Win　フリー

ほうき星観測隊 D70

https://comet-web.net/mira/OrbitLife/download.html

　日本語版のオリジナル軌道計算ソフトウェアである（図3-17）．インストールの方法なども，Webページで解説されている．

【図3-17】OrbitLife

★ Find_Orb　Win　Mac　Lnx　Web　フリー

https://www.projectpluto.com/fo.htm

　MPCフォーマットの位置観測データを入力するだけで，軌道計算ができる．

★ Astrometry.net　Web

astrometry.net group

https://nova.astrometry.net

　アップロードした画像にWCS情報が追加され，結果をダウンロードできる（図3-18）．

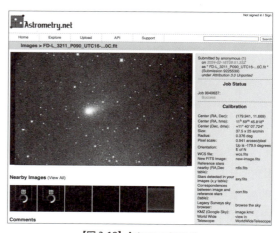

【図3-18】Astrometry.net

★ BASS project　Win　フリー

British Astronomical Association

https://britastro.org/specdb/

　イギリス天文協会の分光解析ソフトウェアである．ダウンロード時に登録が必要だ．

★ Demetra　Win　フリー　一部機種限定機能
SHELYAK INSTRUMENTS
https://www.shelyak.com/software/demetra/?lang=en

　フランスの分光器，および分光パーツメーカーShelyak社のオリジナルソフトだ．指定された手順に従うだけで分光解析が終了する．

★ Aladin　Win　Mac　Lnx　Web　フリー
Université de Strasbourg
http://aladin.cds.unistra.fr

　フランスのストラスブール天文データセンター（CDS）によって開発された対話式の星図星表で，膨大な種類のカタログや天文データベースの情報を重ね合わせることができる．バーチャル天文台にも対応しているので，世界各地の天文台の観測画像のほか，WCSの入ったユーザー画像を重ねて，星表を参照することができる．Webで動く軽量バージョンAladin Liteと，デスクトップで使用するより完全なバージョンAladin Desktop（図3-19）の2種類が提供されており，対応OSが豊富である．

【図3-19】Aladin
（Seestar S50によるポンス・ブルックス彗星 12P/Pons-Brooks の画像にGaia DR3合成RGBカタログを重ねた画面）

★ comet-toolbox　Web
Jean-Baptiste Vincent
https://www.comet-toolbox.com/FP.html

　軌道要素とダスト放出のパラメーターを入力すると，Finson-Probstein法に基づいてダストテイルのシミュレーションができる（図3-20）．

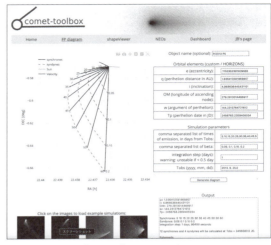

【図3-20】comet-toolbox

★ IRAF　Win　Mac　Lnx　フリー
National Optical Astronomy Observatories
https://iraf-community.github.io/

　アメリカ国立光学天文台が開発した世界標準の画像処理ソフトウェアで，研究者のスタンダードだ．X11IRAFとよばれている．すべての観測機器のデータは，このソフトウェアを用いてFITS形式で解析されていると言っても過言ではない．マニュアル，ヘルプはすべて英語表記であるが，日本語マニュアルが公開されている．

　インストールには，UNIXの知識が必要である．動作させるためには，X-window，XGtermが必要だ．画像処理命令コマンドは，テキストラインからキーボードで打ち込んでいく（図3-21）．画像を表示させるためには，SAOimageDS9などと連携させる．

　最近の開発は，Python上で動作するPyRAFに移行している．

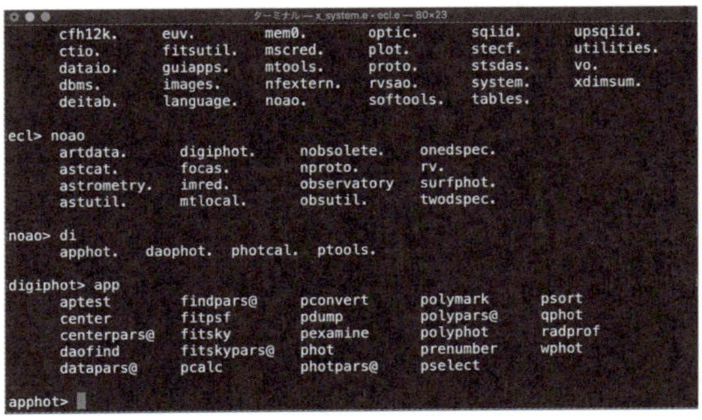

【図3-21】X11IRAF（Mac）のコマンドライン

画像フォーマット

デジタル画像データを保存する方法を，画像フォーマットとよぶ．サイズを小さくして保存する技術が「圧縮」だ．しかし，圧縮された画像は，科学的な「質」が損なわれるため，天体画像フォーマットは FITS 形式が主流だ．

1 BMP，JPEG，PNG，TIFF 形式

モノクロ画像において解像度が 640×480 ピクセルであれば，総ピクセルは 30 万程度だ．これを階調 8 bit（1 byte）保存すると，1 枚の画像のサイズは 300 KB である．階調 8 bit は 256 段階で光の強弱を記録する．画像をそのまま記録するフォーマットが，**BMP** 形式だ．圧縮せずに書き込むファイルの代表である．

画像を 8 bit のまま圧縮する GIF 形式は可逆的であり，透明化，アニメーションも可能だ．RGB 各色 8 bit（計 24 bit）で，1677 万色を再現するためには，**JPEG** 形式が使われる．ファイルは 1/10 以下のサイズにもなるが，非可逆的のため圧縮前のピクセル信号には戻せないという欠点がある．**PNG** 形式は可逆的で透過処理も可能という利点はあるが，ファイルサイズは大きい．スキャナーの標準形式として用いられ，OS に依存しない **TIFF** 形式もあるが，限られた活用範囲である．

ファイルサイズとのバランスで，現在のデジタルカメラのフォーマットは，ほとんど JPEG 形式になった．

2 デジカメと JPEG 形式

カラーカメラは，撮像する受光チップの前に取り付けられた RGB 各色のフィルタによって，一定の順序に並んだ各ピクセルが光を受け取る（図 3-22）．

階調の深さは，各色 8 bit であるため，測定精度に制限がかかる．カラー画像は，R，G1，G2，B の 4 ピクセルによって合成される（G は 2 ピクセルある）．そのままのデータでは大きなファイルとなるため，圧縮して書き出しているのが JPEG 画像だ．カラーカメラは，同時に異なる波長の情報が記録されるため，物理情報を高い時間分解能で記録できるという利点がある．また，形状を調べる場合や，位置情報を得る場合では速報性に優れる．

【図 3-22】RGB カラーカメラのピクセル構成

3 JPEG 形式の Exif 情報

JPEG には，撮影時情報が含まれており，これは統一規格の **Exif** 形式が採用されている．この規約は，次にまとめられている．

・デジタルスチルカメラ用画像ファイルフォーマット規格 Exif 3.0
発行：一般社団法人カメラ映像機器工業会
https://www.cipa.jp/std/documents/j/DC-008-2012_J.pdf

Exif の内容は，各社の現像ソフト，または Exif ビューワーアプリで見ることができる（図 3-23）．Windows ならば，画像の「プロパティ」，Mac であれば「情報を見る」で，Exif の一部を閲覧することができる．

画像を取得したときの諸状況が，画像本体とともに記録されているとき，その部分をヘッダとよぶ．

【図 3-23】Photo Exif Data Viewer（Mac OS）

JPEGのヘッダで，観測時の有意な情報として以下が含まれている．もちろん，以下で述べるカメラメーカーの独自のRAW形式にも，ヘッダ情報は含まれている．

Date Time	撮像開始日時
Latitude	観測値の緯度（GPS連動のみ）
Longitude	観測値の経度（GPS連動のみ）
Altitude	観測値の高度（GPS連動のみ）
Pixel X Dimension	ピクセル数（横）
Pixel Y Dimension	ピクセル数（縦）
Aperture Value	絞り値（望遠鏡接続は空白）
Exposure Time	露出時間（Bulbは1となる）
ISO Speed Ratings	ISO感度
Focal Length	焦点距離（望遠鏡接続は空白）

4 デジカメの RAW 形式

JPEG形式では，撮影後に色調やトーンカーブなどを調整するのに限度がある．そこで，RGB各色のデータを，そのままファイルに記録するRAW形式がある．ただし，BMP形式の時代と異なるのは，各社独自の記録形式のため互換性がないことである．そのため，メーカーによって形式が異なり，取り扱うソフトウェア，あるいはプラグインが異なる．

このRAW形式をJPEG形式に出力することを「現像」とよぶ．各社が自前のRAW形式に合わせてソフトウェアを提供しているほか，画像処理専用のソフトウェアでも各社のRAW形式に対応している．

RAW形式はチップからの信号を，14 bit程度のA/D変換をして，16 bit階調（65536段階）で記録している場合が多い．このA/D変換と読み出しの際に，gain(ISO感度)の高低によるノイズ，露光時間によるトーン特性を担保する工夫がなされている．各社独自の「画像エンジン」を挟むのである．つまり，RAWは必ずしも完全な「RAW（未加工）」ではない．

JPEG画像に圧縮されたファイルから，元の画素の情報は原理的には取り出すことができず，RAWからJPEGへの変換は不可逆変換である．したがって，測定するためには，RAWファイルで記録することが望ましい．そのためには，RAWファイルを各色に分解して，別々なFITS形式ファイルに変換する必要がある．

各社デジカメのRAW形式に対応しているソフトが，コマンドライン型のraw2fits（星空公団）である．また，これをマウス操作で簡単に行えるソフトがraw2fits_win（PAOFITS）である（p.65参照）．これらを組み合わせることによって，RGB各色のFITS形式ファイルを得ることができる（図3-24）．

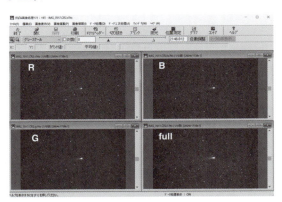

【図 3-24】raw2fits（星空公団）RGB 分解画像，およびフルカラーの FITS 画像（マカリィで FITS 形式ファイルを表示）

5 FITS 形式

FITS(The Flexible Image Transport System)は天文分野で使われるファイルの代表的フォーマット

である．開発当初は画像に限定されたフォーマットだったが，天体スペクトルのデータ，天文カタログの表データなど，多種類のデータに対応した汎用フォーマットになっている．天体用カメラのほとんどが，この出力形式を採用している．FITS形式に関しては，以下に詳細な日本語マニュアルが公開されている．

・FITSの手引き
監修：天文情報処理研究会
協力：日本FITS委員会
発行：国立天文台 天文データセンター
https://hasc.hiroshima-u.ac.jp/fits_core/jdoc/fits_t71.pdf

　もっとも簡単なFITSファイルの構造は，テキストで書かれたヘッダとバイナリもしくはテキストのデータ配列からできている．両方とも，2880 byte単位のブロックから構成される．扱うことのできるデータは以下のものだ．データの表現形は，ヘッダで明記される必要がある．

値（BITPIX）	データ表現形
8	文字または符号無2進整数
16	16ビット2進整数（2の補数）
32	32ビット2進整数（2の補数）
64	64ビット2進整数（2の補数）
−32	IEEE 単精度浮動小数点
−64	IEEE 倍精度浮動小数点

 FITS形式のヘッダ情報

　FITS形式のファイルが多くのソフトで利用可能なのは，ヘッダの定義が厳密になされているからだ．まったく同じ観測機器でも，使用するソフトによってヘッダの書かれ方は異なるが，すべて規約に基づいている．ヘッダの情報は，FITS形式をサポートするソフトで閲覧することができる（図3-25）．取得した画像を演算すると，その経歴を残すこともできる．

　たとえば，二次元撮像されたヘッダ記入の必須

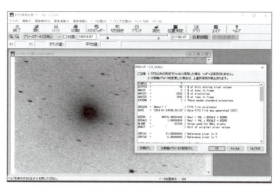

【図3-25】FITS形式のヘッダ表示（マカリィ）

事項は次のとおりだ．

SIMPLE	FITS規約のファイル（＝T）
BITPIX	データの値（＝16，32……）
NAXIS	データの次元（モノクロ＝2，カラー＝3）
NAXIS1	X方向のピクセル数（カメラ依存）
NAXIS2	Y方向のピクセル数（カメラ依存）
NAXIS3*	カラーの場合に付加（＝3）
END	

　さらに，NAXIS2からENDまでの間に，キーワードに従ってヘッダが観測機器やソフトの仕様によって拡張される．観測時の有意な情報として，主なものは次のとおりだ．

BZERO＝	データ書き込み時のオフセット
BSCALE＝	データ書き込み時のスケール
INSTRUME＝	撮像カメラ名
BAYERPAT＝	カラーカメラのベイヤー配列
OBSERVER＝	観測者名
DATE-OBS＝	観測時刻（UT）
JD＝	ユリウス日
SITELAT＝	観測地緯度
SITELONG＝	観測地経度
OBJECT＝	観測した天体名
TELESCOP＝	使われた望遠鏡名
APTDIA＝	口径（mm）
FOCALLEN＝	焦点距離（mm）
FILTER＝	フィルタの種類
GAIN＝	カメラのgain値

FOCUSPOS ＝	フォーカス位置（機器依存）	CRPIX2 ＝	参照ポイントのピクセル座標（赤緯）
XBINNING ＝	X方向のビニング		
YBINNING ＝	Y方向のビニング		
XPIXSZ ＝	X方向のピクセルサイズ（μm）		
YPIXSZ ＝	Y方向のピクセルサイズ（μm）		
STACKCNT ＝	スタックフレームの枚数		
EXPOSURE ＝	スタック合計露光時間（秒）		
EXPTIME ＝	露光時間（秒）		
CCD-TEMP ＝	カメラ温度（℃）		
CRVAL1 ＝	参照ポイントの赤経（°）		
CRVAL2 ＝	参照ポイントの赤緯（°）		
CRPIX1 ＝	参照ポイントのピクセル座標（赤経）		

ヘッダには，観測前にソフトに入力しなければならない事項，自動的に挿入されるデータの区別がある．CRVAL1から始まるキーワードは，WCS（World Coordinate System）の位置情報である．WCSは，プレートソルビングを用いて自動導入したり，架台のエンコーダを参照したりすることによって書き込まれる．天球座標を平面に投影する変換係数などが含まれている．WCSを使えると，位置測定が迅速にできるとともに，各種座標系への変換が容易になる．

column

画像公開のデータ表示

　撮像された画像をホームページやブログ，およびSNSに投稿している人も多いだろう．アウトバーストや分裂などのまれな現象が起こると，世界中のアマチュアやプロの研究者から注目されることもある．また，他の観測者が追跡観測をする場合の情報源にもなる．FITS形式ならばヘッダーを参照すればよいが，ファイルサイズが大きくホームページに貼り付けることができない．そのような場合には，JPEG，PNG形式の画像に観測データを貼っておくとよい．

　使用している観測機器のピクセルあたりのスケールは，視野内の恒星から測定してもよいし，astrometry.net（p.66参照）などで調べることができる．太陽の方向，日心距離などはHorizons（p.96参照）や星図ソフトでわかる．赤経，赤緯，および光度は，必ずしも測定する必要はないが，参照者にとっては有益な情報である．

　天体写真にも「構図」という言葉が存在するが，画像を測定する際には，短辺，長辺の方向が東西南北に一致している方がよい．一次処理が済んでいる画像が望ましいが，速報性を考えると，そのままの画像を，一刻も早く公開した方がよい場合も多々ある．画像の著作権に関しては，©マークをつけておくと，流用された場合に一定の歯止めになる．

■例　テイルが発達しつつあり，小望遠鏡での観測ができるような彗星（図3-26）．
　（ア）　画像のスケールと方向を示す
　（イ）　彗星名
　　　　観測年月日，撮影開始時刻（世界時），
　　　　露光時間（スタックの有無）
　　　　望遠鏡 口径　焦点距離　F値，
　　　　フィルタ（有無，種類）
　（ウ）　太陽の方向

【図3-26】ZTF彗星 C/2022 E3（ZTF）（2023年1月28日撮影）

CHAPTER 3-4 彗星を撮ろう

彗星を見るだけでなく，撮影して残したいならば，使用するデジタル機器に応じて，工夫が必要だ．そして，彗星の特徴を理解して，取得した画像を科学的に価値のあるものにしよう．

1 スマートフォン

　スマートフォン（スマホ）に搭載されるカメラの性能が上がり，コンパクトデジカメ（コンデジ）は役割を終えたと言われるほどになってきた．レンズの口径，**F値**（焦点距離と口径の比）は，すでにコンデジの高級機並みだ．アプリで「星空モード」などの長時間露光ができるため，適切なアクセサリで三脚などに固定すれば，高感度センサーによって，明るい彗星のスナップショットが簡単に撮れてしまう．手ぶれ防止機能が働けば，三脚すら必要がない．ただし，出力ファイルが，圧縮された画像形式のため測定精度は限られる．

2 コンパクトデジカメ

　コンパクトデジカメ（コンデジ）の進化形は，超望遠ズーム搭載が主流になってきた．長時間露光，独自規格のRAW形式で保存ができる機種もある．ISO感度においては，一眼カメラには劣るが，星空を撮れる感度は十分にある．超望遠にすると，日周運動の影響を受けるため，ISO感度を上げ，焦点距離200 mm程度以下で，数秒の短時間露光がよい．コンデジのほとんどは三脚に固定できるため，スマホよりも安定した撮影ができる（図3-27）．コンデジのRGB分光特性が，一眼カメラの一般的なセンサーと同様と考えると，色分解することによってガスとダストの分離ができるだろう．また，気軽なスナップが時間変化の激しいプラズマテイルを捉えるために役立つ可能性は十分にある．

【図 3-27】コンパクトデジカメ

【図 3-28】コンデジで撮った写真
ネオワイズ彗星 C/2020 F3，2020年7月22日0時（UT）
オランダ・アムステルダムにて，コンデジ手持ち撮影
（永瀬穂波 撮影）

3 カメラレンズの焦点距離

　レンズの特徴は，焦点距離 f と明るさ F で表される．口径 D (mm)は，$D=f/F$ で求められ，D が大きければ集光力が大きくなるため，より暗い天体が写る．ただし，彗星のように広がった天体では，F の小さな明るいレンズの方が写りやすい．フィルムカメラが35 mm判規格（36 mm×24 mm）であったため，焦点距離の表示は，それを基準として「換算焦点距離」でカタログに書かれて

いる．彗星観測のための焦点距離は，次のような目安で考えるとよいだろう．望遠鏡も焦点距離が長いレンズの一つといえる．

〜24 mm	長いテイルの彗星
28〜50 mm	テイルが発達した彗星
50〜200 mm	テイルの微細構造
200〜1000 mm	コマの構造
1000 mm〜	コマの微細構造，位置観測

4 露光時間，感度設定

　天体からの光は，太陽や月をのぞくと，地上の風景よりはるかに暗いため，1秒以上の露光が必要だ．多くのデジタルカメラは30秒までの露光時間の設定ができるが，シャッターボタンを押している間，ずっと露光ができるB（バルブ）モードがあると，観測範囲が広がってくる．天体専用の一眼カメラやCMOSカメラは，もちろん長時間露出に対応している．

　カメラの感度（ISO感度，gain値）は，可能な限り高くしたいが，高感度にするほど画像にノイズが多くなってくる．最適な露光時間は，観測地の市街光の明るさ，月明かりの有無に大きく影響される．広がった天体である彗星の場合は，空の明るさによってテイルの長さが極端に違って写る．

　また，一般の夜景対応モードはノイズ軽減処理として，天体撮影時の露光時間と同じ時間の全く光を入れない画像（ダークフレーム）を得てから，画像の引き算をする．したがって，目的の天体を撮影した時間と同じだけの時間が余計に必要となる場合がある．

5 固定撮影

　もっとも簡単な撮影方法は，カメラを三脚につけた固定撮影だ．恒星は1秒間に角度の15秒角ほど動く（天の赤道上）．装着したレンズの焦点距離とピクセルサイズによって，カメラを固定したときの許容露光時間が決まる．たとえば，6000×4000ピクセルで，CMOSサイズが36 mm×24 mmであるとき，1ピクセルのサイズP_wは6.0 μmとなる．焦点距離$f = 50$ mmレンズを装着すると，1ピクセルは天空上の角度f_vで24.8秒角となる．

$$f_v = \mathrm{atan}\left(\frac{P_w}{f}\right)$$

　したがって，固定撮影で恒星が点像にとどまるのは，約2秒が限界となる．ただし，シーイングの影響やレンズの解像度を考えると，もう少し大丈夫だ．天体の赤緯$δ$（デルタ）が大きくなると，この許容限度は$1/\cos δ$となるため，許容時間は長くなる．

　そのため，長時間露出を行うには，日周運動を追尾する必要がある．これを実現するのが望遠鏡架台だ．架台には，赤道儀形式のものと，経緯台形式があるが，数十分を超える露出でなければ，どちらの形式でも構わない．

6 RGBカラーカメラ

　カラーカメラの分光特性は，肉眼の特性に近づけるように作られている．しかし，連続スペクトルを放出する光源では，多少の特性のズレは影響ないが，輝線，吸収線が目立つ光源ではメーカーによる違いが目立ってくる．CMOSだけでなく，短波長（UV），長波長（IR）をカットするフィルタの波長特性，RGBの色バランス設定などが，メーカーによって異なるためだ（図3-29）．

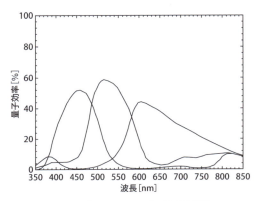

【図3-29】CMOSチップの分光特性例
（UV/IRカットフィルタを未装着の場合）

7 一眼カメラ

　天体を撮像するための道具として，一眼レフカメラが長らく王座を保ってきた．より電子化が進んでミラーレス一眼カメラが登場し，ふたつのジャンルを合わせた「一眼カメラ」（図3-30）は，あらゆる場面でよく使われている．その特徴は，可搬性が高く，レンズ交換が可能であること，および長時間露出などの諸設定が容易に行えることだ．一方で，内蔵されているCMOSセンサーは可視光に限定され，RGBカラー撮影である．また，冷却機構を持たないため，気温が高い夏場ではノイズが多くなる．さらに，一眼カメラの欠点は，FITS形式のファイル出力ができないことだ．

【図 3-30】一眼カメラと交換レンズ

　一眼カメラの撮影は，絞り，シャッター速度（露出時間），およびISO感度の設定である．口径を最大限に活かすため，天体望遠鏡には可変的な絞りはない．交換レンズも絞り開放で用いてよい．そのために周辺減光が生じることがあるが，フラットフレームで補正できる．シャッター速度は，通常では30秒止まりだが，必要に応じてB（バルブ）を用いる．ISO感度が大きければ感度が上がり短時間で撮影できるがノイズが大きくなる．シャッター速度とのバランスで考えるとよい．

8 スマート望遠鏡

　天体撮像に必要な機材は大きく分けて，カメラと望遠鏡，および架台である．それぞれが物理的に結合され，さまざまな天体に対応できる工夫がなされてきた．しかし，各社製品のラインアップから最適な組み合わせを用意し，なおかつ特徴ある機器の操作を行うことは，熟練と経験を要する．ところが，撮像機器の電子化が進んだことによって，すべてを統合した望遠鏡が現れた．小口径望遠鏡にカラーCMOSセンサーを実装し，あらかじめ数種類のフィルタを内蔵するとともに，天体導入を自動化した経緯台で行う「スマート望遠鏡」だ．

　この望遠鏡の市場は急拡大しているが，eVscope (Unistellar)，Vespera (Vaonis)，およびSeestar (ZWO) などが代表的な機種である．彗星観測に限らず，測定をするためにはFITS形式の画像ファイルの取り扱いが重要である．たとえば，eVscopeは本体内にFITS画像は保存されず，ネットワークで外部とアクセスしてダウンロードする．一方で，Seestarは，本体内にFITSファイルが保存される．これはメーカーの開発思想の相違であると言える．また，オールインワンの望遠鏡であるため，統合的に制御するアプリ（ソフトウェア）もメーカー独自であり，観測はその制限を受けることになる．

　スマート望遠鏡は，地面に三脚を置いて数分以内に観測が開始できるため，時間が限られた彗星観測には絶大な威力を発揮する．また，既知の彗星であればインターネットから推定位置データが自動ダウンロードされて自動導入できる．天文マニアの間では，誰でも同じ画像しか得られないことに否定的な意見もあるが，彗星や新星などの突発型天体には，最もふさわしい望遠鏡と言えよう．

　例として，Seestar S50（図3-31）を紹介しておく．この機種は，口径50 mm，焦点距離250 mmの望遠鏡にカラーCMOSセンサーが装着されている．CMOSサイズは5.6 mm×3.2 mm (Sony IMX462) であり，35 mm版カメラに換算すると1600 mm程度の焦点距離に相当する．視野は1.3°×0.73°で，彗星コマとテイルがカバーできる広さだ．ピクセルサイズは，2.9 μmで天球上に投影すると2.4秒角となる．日本のシーイングの悪さを考えると妥当であるが，彗星の精密

な位置観測には少し物足りない．内蔵されているフィルタはダークフレーム用，光害カット用，およびUV/IRカット用の3枚である．いずれもZWO社のフィルタだと思われるため，IMX462の分光特性とともに，図3-32, 33に示しておく．残念なのは，光害カットフィルタが，彗星の特徴であるC_2バンドを外していることだ．また，IMX462の近赤外の高感度を，UV/IRカットフィルタが切っていることが挙げられる．

ダークフレームは，観測前のスタートアップ段階で取得され，本体に保存される．露光ごとにライトフレームから引き算されるため，処理結果を自動的にスタックし，S/Nのよい画像を出力できる．工夫次第でフラットフレームを撮像することは可能だが，狭い視野であること，RGBでの測光精度を考えると，そのままの画像でもよいだろう（図3-34）．

熟練した観測者が，選りすぐった機器を用いた観測と比べれば，たった口径50 mmの望遠鏡による撮像では限界がある．しかし，初めて望遠鏡を手にしたユーザーが，FITS画像の取り扱いさえできれば，さまざまな測定が可能であり，教育・普及的にみれば，素晴らしいアイテムの登場であるといえるだろう．

【図3-31】Seestar S50（ZWO）

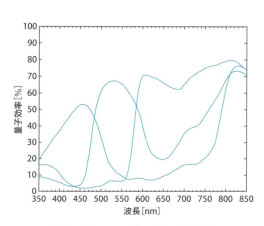

【図3-32】IMX462（Sony）の分光特性

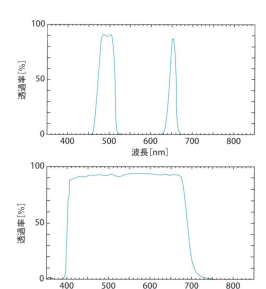

【図3-33】Seestar S50 内蔵フィルタの分光特性（推定）（上）光害カットフィルタ，（下）UV/IRカットフィルタ

【図3-34】ポンス・ブルックス彗星 12P/Pons-Brooks（2023年11月22日，吉尾賢治 撮影）

撮像観測

彗星のどんな物理的特徴を狙うかによって，波長の選び方は変わってくる．フィルタを使うことで，撮像する波長を選択できる．移動する彗星を追尾しながら撮影するには，自動制御の架台が威力を発揮する．

CMOS，CCD モノクロカメラ

CCD（Charge Coupled Device）センサーは全ピクセルに対して1つの増幅器を用いるが，CMOS（Complementary Metal Oxide Semiconductor）センサーはピクセルごとに増幅器がある．CMOSは増幅のON/OFFを小まめにできるため，必要な電力はCCDよりもCMOSの方が小さく，製造単価も安い．さらにバッテリ効率がよいため，ほとんどのデジカメに採用されるようになった．カラーカメラに対して，モノクロCMOS，CCDカメラは出力が単純明快だ．各ピクセルの階調は12～16ビット（4096～65536階調）であり，測定精度が高い．モノクロカメラは観測に合わせてフィルタを選定できる．逆に言えば，フィルタ装着が必須と言える．典型的なモノクロカメラの分光特性を図3-35に示す．

市販されているほとんどの天体用カメラは，デジカメで使われているCMOSセンサーを流用する形で作られている．ただし，デジカメにはモノクロCMOSセンサーを使った機種はほとんどない．

CMOSセンサーを用いた天体用カメラは，大きく分けて非冷却，冷却の二つのタイプがある．ノイズは温度に依存するため，冷却タイプの方が天体観測には有利だ．冷却には，ペルチエ素子が用いられている．

モノクロカメラは天体観測用なので，出力ファイル形式はFITS形式だ．カメラ制御ソフトウェアによっては，TIFF形式，JPEG形式などもサポートしている．カラー画像を簡単に取得したいならば，カラーCMOSセンサーでもよいが，それでは一眼デジカメに冷却機構を装備したのと大差がない．精密な測定，分光・偏光などの観測まで考えるならば，モノクロCMOSセンサーを選択する方がよい．

天体用カメラは，フィルタの活用も考えられている．1枚差し込み型のドロップインタイプ，5～7枚を内蔵できるフィルタホイールも用意されている（図3-36）．フィルタサイズは，1.25 inch（31.7mm），2 inch（48 mm）が標準的な規格である．また，フィルタの厚みにも考慮しておくとよい．厚みが等しければ，フォーカスの移動がほとんどないので，交換時の再調整が不要になる．

非冷却の小さなCMOSセンサーを用いたカメラに，一眼カメラの焦点距離の短いレンズを装着

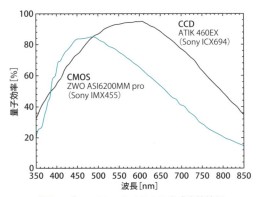

【図3-35】モノクロカメラの分光感度特性例

【図3-36】（左）ASI6200pro（ZWO），（中）フィルタホイール，（右）フィルタドローワ

すると，広視野で明るい撮像機器となる．広がったテイルの形状観測に活用できる．各種マウントのアダプタがカメラメーカーから提供されている．フィルタは，直接マウント内部にねじ込むか，レンズの先端に付けてもよい．マニュアルフォーカスレンズが天体用には相性がよい．中古の明るいレンズが安価で入手できる．この組み合わせは，一眼カメラよりもコストパフォーマンスに優れ，FITS形式で画像が出力されるため，精度の高い観測ができる．もちろん，冷却カメラであれば，より応用範囲は広がる（図3-37）．

【図3-37】CMOS，CCDカメラに一眼カメラのレンズを装着
ASI178MM（ZWO）：非冷却CMOSモノクロ＋ZUIKO 28 mm F2 実視野 20°×12°（左）．460EX（ATIK）：冷却CCDモノクロ＋Canon EF 50 mm F1.4 実視野 14°×11°（右）

② フィルタワーク

天体観測用に用いられる測光フィルタは，古くはジョンソン（Johnson）のUBV標準測光システムで，CCDの時代からクロン-カズンズ（Kron-Cousins）の**UBVRcIc標準測光システム**（図3-38）に代わってきた．現在は，カラーカメラに合わせてRGB標準測光システムが新たに加わってきている．測光波長域は，カメラとフィルタの分光感度の組み合わせで決まるので，使用する機器の観測結果と標準システムで測定された値とを比較して，システム変換係数を求めておくことが必要になる．彗星の場合には，ダストの反射光が中心のRcやIcバンドで撮像することが多いが，C_2などのガスを見積もる場合には，Vバンドの撮像も行われている．

彗星に特有な輝線で撮像する場合には，その波長に合わせた干渉フィルタを用いる．CometBPフィルタ（サイトロンジャパン）は，ガス（CN，C_2）に加えて光害を避けたダストの波長を透過させるため，コントラストが良くなる（図3-39）．ただし，ガスとダストを分離するためには，どちらかの波長をカットするフィルタをもう一枚追加しなければならない．精密な観測のためには，中

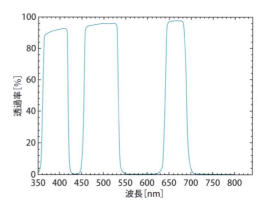

【図3-39】CometBPフィルタ（サイトロンジャパン）の透過率

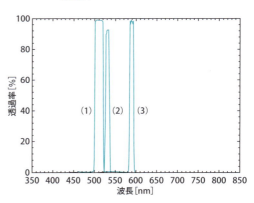

【図3-40】狭帯域干渉フィルタの透過率（Edmund）
(1) C_2用　　　中心波長 510 nm 半値幅 20 nm #87762
(2) dust用　　中心波長 532 nm 半値幅 10 nm #65216
(3) Na用　　　中心波長 589 nm 半値幅 10 nm #65223

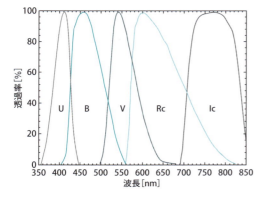

【図3-38】クロン-カズンズ標準測光システムフィルタの透過率

心波長，半値幅などを指定してフィルタを特注することも可能であるが，非常に高価になる．狙った波長に適合する市販フィルタ(Edmundなど)がよいだろう(図3-40)．もちろん，ガスの分布を明らかにするためには，近傍の波長でダストの画像も取得する必要がある．両方のフィルタで太陽類似星を測光し画像演算を行う(p.110参照)．

3 架台とカメラの制御

現在では，小さな架台であっても，位置情報を検出するエンコーダが備えられ，ステッピングモータの制御によって，簡単に目的天体を導入できるようになった．架台に制御機構を組み込むのではなく，架台からは信号を受け取るだけで，必要な演算と制御はパソコンなど外部で行う形式が主流となっている．これは，コストダウンばかりでなく，さまざまな機能をシステムに追加したり，バージョンアップが容易であるという利点をもつ．具体的には，**ASCOM**（Astronomy Common Object Model）プラットホームによって，ハードウェアに対する柔軟な対応が可能になってきたことがあげられる．架台，カメラがASCOM対応であるかどうかは，選択の際に注意すべき事項だ．

比較的短時間の露光であれば，経緯台式の方が可搬性に優れて扱いやすい．経緯台式は，水平と垂直の軸を調整の上で，基準となる恒星をいくつか導入して準備が完了する．赤道儀式は極軸を合わせることで準備が完了する．いずれにしても，架台が座標系に繋がれば，あとはソフトウェアからの司令だけだ．

一眼カメラでは，パソコンからリモート撮影ができるソフトウェアがメーカーから提供されている．シャッターを押すことによる振動を防ぐためには有効だ．また，タイマー機能など多彩なアレンジもできる．天体用カメラは，もともとパソコンから制御するため，メーカー純正のものをはじめ，ASCOMを利用した，実に多用途な機能をもつソフトウェアがある．特に，多くのフィルタを使用する観測では，観測ルーチンを指定したスク

リプトファイルを作っておくと，効率のよい観測ができる(図3-41)．

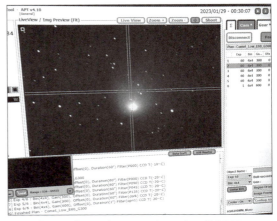

【図3-41】APT（Distinct Solutions）の操作画面
観測スクリプトに，フィルタ，gain値，露光時間，ビニングなどを指定できる．

4 自動導入ソフトウェア（アプリ）の活用

ステラナビゲータ（アストロアーツ）やSkySafari（Simulation Curriculum Corp）の望遠鏡制御機能を使うと，彗星導入が簡単にできる（p.62参照）．星図が表示されるアプリは，観測プランをたてやすいだろう．ステラナビゲータでは，「天体」-「彗星」とクリックして目的の彗星を表示させる．星図上の彗星位置をクリックしてから，望遠鏡操作で「導入」をクリックする（図3-42）．

どのソフトも，インターネットに繋いでから，天体（彗星）データのアップデートをすることを忘

【図3-42】ステラナビゲータ（株式会社アストロアーツ）による彗星導入

れないことだ．ただし，彗星の光度情報は，突発的なバーストで明るくなる可能性もあるので，どの彗星を観測するかの選択には注意したい．

5 彗星追尾撮影

自動導入ソフトウェアで表示される彗星の移動速度に注目してみよう．彗星の赤経・赤緯などの情報とともに，移動量という項目がある．彗星は動きの速い天体なので，近日点に近いときや地心距離が小さいときにはかなり移動が大きくなる．日周運動に合わせて追尾すると，彗星だけが画面上を動いていく．

たとえば，ステラナビゲータでは，赤経・赤緯方向の移動量とともに，最終行にある移動量に注目すると，74.23″/時間とある（図3-43）．これは，約0.02″/秒である．彗星の動きの許容量は，ピクセルサイズと観測機器で決まるが，1″/ピクセルのスケールであるとすると，露光時間50秒までは日周運動の追尾のままで間に合うことになる．

彗星そのものを追尾して撮影するためには，従来はメトカーフ法がよく使われてきた．予測される彗星の赤経・赤緯の移動量に合わせて架台を動かしていく方法である．ガイド望遠鏡が使えれば，リアルタイムで架台制御ができるPHD2（Craig Stark）が有用である．ステラナビゲータなどで示される赤経・赤緯の移動量を，PHD2の彗星ガイドメニューから入力するだけでよい．しかし，高度が低い彗星の場合には大気差や架台の誤差が重なるために，なかなかうまく行かないことがある．ガイド望遠鏡の口径が60 mm以上あり，高感度のガイドカメラが利用できる場合には，彗星のコマ中心をPHD2のガイド星に指定するとよい（図3-44）．最近は，彗星の動きが出ないように短時間露光を行い，画像をスタック（重ね合わせ）するので，彗星のガイドに，さほどこだわらなくなってきた．

この方法は，コマ中心部が露出オーバー（飽和）になるのを避けやすいメリットもある．

【図3-43】彗星の移動量の情報
（株式会社アストロアーツ，ステラナビゲータ）

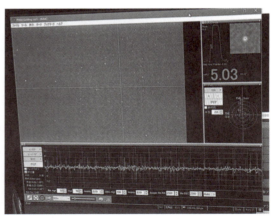

【図3-44】PHD2を使用した彗星追尾

分光観測

私たちが目にする彗星の光は，さまざまな物質，さまざまなプロセスで発生したさまざまな波長の光が混じりあったものだ．波長ごとの光の強度を表すスペクトルの分析から，詳細な彗星の振る舞いを知ることができる．

1 分散素子と分光器

光の進む道を波長に応じてより分け，スペクトルを作る機材を**分散素子**とよぶ．これは，ガラスを通る光が波長によって異なる屈折率をもつことを利用した**プリズム**，細かい溝を刻んだ面を光が通過（または反射）する際に波長に応じた進路をたどる回折現象を利用した**グレーティング**（回折格子）に大別される．両者の特性を組み合わせた**グリズム**の普及も進んできた．

入射した光の波長を縦軸に，その撮像面における位置を横軸にとった場合の模式図を，図3-45に示す．波長がすでにわかっている光源のスペクトルを使ってこのグラフを描く関数（以下，分散式）を求めれば，撮像素子上の任意の点の座標から，その光の波長を知ることができる．

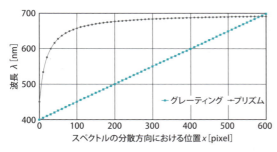

【図3-45】分散素子による分散式の模式図

具体的には，撮像素子上における位置(x)における波長(λ)は，測定原点に相当する位置(x_0)，その位置における波長(λ_0)，分散素子の固有の定数を，A，B，Cとしたとき，プリズム，グレーティングについて次のような分散式が成り立つ．

・プリズム
$$\lambda - \lambda_0 = \frac{B}{A(x - x_0)}$$

・グレーティング
$$\lambda - \lambda_0 = C(x - x_0)$$

この分散素子を他の光学素子と組み合わせ，スペクトルを記録する装置が分光器だ．その性能を示す主な要素は，波長分解能（隣り合った波長のスペクトル線を見分ける能力）・空間分解能（天体のどのくらい細かい領域をスペクトルとして取り出すことができるか）・感度（どのくらい暗いスペクトル線まで十分なSN比で記録できるか）の3つだ．これらは相互背反的でもあり，観測目的に応じてバランスをとることになる．

2 対物分光器

最もシンプルな構造の分光器は，対物分光器だ（図3-46）．プリズムやグレーティングを眼の前において蛍光灯などの光源をのぞくと，その像がさまざまな色を伴って分解されるのを見ることができる．人間の眼はカメラと同じ構造だ．したがって，カメラのレンズの前に分散素子を置くだけで，分光器として機能する．プリズムを用いた天体用対物分光器はかつて市販品もあったが，現在では入手困難になった．サイズはやや小さいが，天頂プリズムの中からプリズムを取り出し，カメラレンズの前に固定すれば分光器になる．

天頂プリズムを利用した場合の光学的な関係は，図3-47のようになる．

分散素子として，頂角 $\alpha = 45°$ を用いることにする．プリズムの能力は，入射光と出射光がプリ

【図 3-46】対物分光器の例

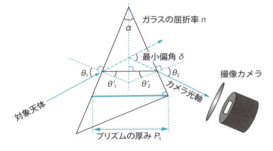

【図 3-47】プリズム式分光器の光学系

ズム頂角に対して対称的になっている場合が，もっとも優れている．図3-47のようにセットすると，カメラレンズの光軸に対して，観測天体の方向が異なることになり，この角度を最小偏角 θ とよぶ．プリズムの波長分解能は，波長によるガラス屈折率の変化量 $n/\Delta\lambda$ とプリズムの厚み P_t で決まる．

$$\frac{\lambda}{\Delta\lambda} = \frac{n}{\Delta\lambda} P_t$$

天頂プリズムに使われているような，光学ガラス（BK7）では，波長500 nmで $n/\Delta\lambda = 0.03372$ である．また，最小偏角 $\theta = 16°$ となる．$P_t = 30$ mmとすると，$\lambda/\Delta\lambda = 1000$ 程度だ．

グレーティングは1000円程度で入手できるフィルム状のものでも，明るい星のスペクトル撮影は可能であり，分光観測の体験には大いに役に立つ．ただし，彗星の観測のためには，ガラス製の本格的なものが必要だ．反射型と透過型に大別されるが，対物分光器を作るには透過型の方が全

体の構造をシンプルにしやすいメリットがある．目的とする波長域に効率よく光を導くブレーズ処理がなされているものを選ぶとよい．

グレーティングの波長分解能は，刻まれた溝の間隔 g と，サイズ SQ で決まる．

$$\frac{\lambda}{\Delta\lambda} = \frac{SQ}{g}$$

たとえば，1 mmあたりの600本のグレーティング（格子定数600）であると，溝間隔 g は0.00167 mmだ．サイズ $SQ = 50$ mmのグレーティングを用いると，$\lambda/\Delta\lambda = 30000$ となる．

これらの波長分解能の値は，プリズムとグレーティングの理論的限界の性能を表している．対物式分光器の性能は，シーイングサイズに影響される．また，プリズムやグレーティングを，どんな焦点距離のレンズに装着するかで，画面上での分散が決まる．可視光域の全ての波長をカバーするためには，適切なレンズが必要だ．目安としては100～200 mm程度の望遠レンズだろう．もちろん，CMOSカメラを使う場合には，撮像チップの1ピクセルの大きさを考慮してレンズを決める．

対物分光器は構造が簡単である半面，欠点もある．一つは，カメラや望遠鏡の対物レンズの性能をフルに発揮するためには，それらを覆うだけの大きさが必要であること．そして彗星のような面光源の場合，波長の異なるスペクトル線が重なり合って写ってしまうことだ．しかし，彗星全体のおおまかなスペクトルを知ることは可能であり，実際にナトリウム（Na）テイルの撮影に成功した例もある（図3-48）．

【図 3-48】対物分光器によるパンスターズ彗星 C/2011 L4（PANSTARRS）のナトリウムテイル
（相馬天文館　枝 弘幸 撮影）

3 スリット分光器

　本格的な分光器にはスリット式が用いられる．天体の光を集めるためにカメラレンズや望遠鏡を用い（集光系とよばれる），その焦点面に細い隙間（スリット）を置き，通過した光を分散素子に通してスペクトルに分解する仕組みだ．対物分光器に比べてスペクトル線の重なり合いの影響が少ないメリットがある．

　市販品も存在するがそれなりに高価だ．学校や公開天文台などに備えてある場合もあるので問い合わせてみるとよい．スリット式分光器の光学部品配置図を図3-49に，自作した例を図3-50に示す．

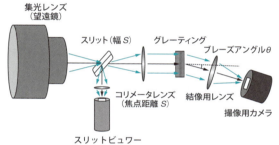

【図3-49】スリット式分光器の光学

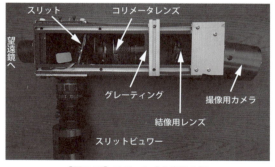

【図3-50】スリット式分光器の例

　集光レンズの焦点位置にスリットを配置する．スリットを通過した光は入射時と同じ傾きで再び広がっていくので，コリメータレンズ（鏡の場合もある）を通して平行光に変える．その後方に分散素子を置き，生じたスペクトルを記録するためのカメラ（結像用レンズ＋撮像カメラ）を配置すればよい．部品に市販のカメラレンズや望遠鏡用アイピースなどを流用する手もある．カメラはモノクロのものが理想的だが，カラーカメラでも撮影後にRGBチャンネルの値を足してモノクロ化することで実用になる．

　得られるスペクトルの質に直接影響を与えるものではないが，スリットビュワーは重要な要素だ．スリット上に目的天体が導入されているかを確認するための機構だ．通常，平面鏡の一部をくりぬく方法で製作したスリットを用い，スリットを含む天空領域を専用のカメラで覗けるようにする．狭いスリット上に正しく天体を導き，正確に追尾するために事実上必須といえるものだ．自作するうえでも最も手間のかかる部分である．

　この方式の波長分解能は，スリットの幅S，コリメータレンズの焦点距離L，およびブレーズアングルθに依存する．

$$\frac{\lambda}{\Delta\lambda} = 2\frac{L}{S}\tan\theta$$

　たとえば，スリット幅$s = 25\,\mu\mathrm{m}$，コリメータレンズ焦点距離$L = 100\,\mathrm{mm}$，ブレーズアングル30°の場合，$\lambda/\Delta\lambda = 4600$だ．

　市販品のスリット分光器ではグリズムを用いるものがある．装置の光路が直線的な構造にできるため，コンパクトな機器となる（図3-51）．

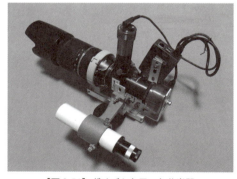

【図3-51】グリズムを用いた分光器
（Alpy 600：SHELYAK）

　分散式を求めるためには，波長既知の輝線（または吸収線）をもつスペクトルを基準にする．小型の分光器でよく採用されるのはネオン（Ne）ランプで，電気製品の電源表示灯にも使われるオレンジ色の光源である（図3-52）．蛍光灯用のグローランプはネオンランプよりも短波長側の輝線が得られるのがメリットだ．吸収線の同定がしやすい

A型の恒星，太陽（太陽を直接撮影するのは危険なので，白い紙に反射させた光や昼間の青空，月を撮影する）も利用できる．また光害のある観測地では，空を照らした水銀灯の輝線が映り込むので簡易的に代用することもできる．

【図3-52】ネオンNeの比較光源

4 観測の実際

スリット式分光器を用いた場合について説明する．対物分光器の場合も，彗星全体を含む広い幅のスリットを使ったと考えれば，基本的な流れは同じだ．

まず，彗星にスリットを合わせる．コマの分光を行う場合は，見かけの核の中心をスリットが通るようにする．得られたスペクトルからダストやガスの生成率を求める場合は，この位置精度が重要になる（図3-53）．可能であれば図のようにスリットの向きを太陽と彗星を結ぶ方向（A）と，その直角方向（B）の両方で撮る．

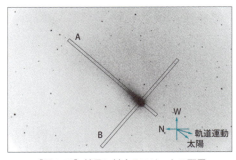

【図3-53】彗星に対するスリットの配置

露光は飽和しない程度に十分に与える．スリット上の同じ位置に彗星があるようにガイドを慎重に行う．後述する分光感度補正のため，撮影時の彗星と同じ地平高度で，分光標準星（以下，標準星）も撮影する．事前に星図などで確認し，撮影スケジュールを立てておく．また，分光器を空の異なる方向へ向けたときのたわみの影響で，撮像素子上のスペクトルの位置がずれることがある．向きを変えた際には必ず比較光源のスペクトルを得ておく．

得られた画像の一次処理は基本的に撮像の場合と同じだが，フラット画像の取得には注意が必要だ．輝線や吸収線を多く含むスカイフラットは分光観測には不向きだ．EL，LEDも波長による輝度の差が大きく適しているとは言えない．なめらかなスペクトルを示すハロゲン球がよく用いられる．スリット分光器によるスペクトルの例を図3-54に示す．

【図3-54】スリット分光器によるスペクトルの例
(C/2014 Q2 (Lovejoy) 2015/02/15.5 [UT])

5 データ処理

最終的なスペクトルを得るにはいくつかの段階を踏む必要がある．処理には汎用の画像処理ソフトと表計算ソフトを組み合わせて行うこともできるが，やはり専用のソフトを用いるのが効率的だ．代表的なものがIRAFだが，習得に時間がかかるのが難点である．無料で入手できWindows上で動作するBASS Projectなどのソフトでも基本的な処理は可能だ．

(1) 幾何学補正

理想的な状態で撮影されたスペクトルは，画像の横方向にスペクトルの長辺方向（分散軸），その直角方向にスペクトル線（吸収線または輝線）を形成するスリット像の方向（空間軸）が完全に一致する．しかし，分光器の工作精度や光学収差の影響で，実際にはゆがみが生じている．比較光源や標準星のスペクトルを用いて補正を行う（図3-55）．

(2) 波長較正

分散式を求める作業である．比較光源のスペク

トルに含まれる波長既知の輝線の座標をできるだけ広い波長範囲にわたって多数測定し，両者の関係を適切な式で近似する(図3-56)．

求められた分散式を使って，画像の長辺方向の座標値を波長に置き換える．

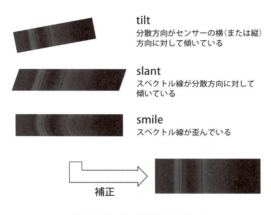

【図3-55】幾何学補正の概念図

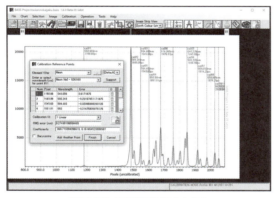

【図3-56】波長較正作業のようす
(BASS Project を使用)

(3) 分光感度補正

分光器の感度は波長によって違いがある．これを補正しないと，スペクトルの正しい強度分布を得ることができない(図3-57)．分光感度は波長に依存した関数なのでこれを S_λ，ここまでの処理で得られたスペクトルを I'_λ，大気減光を A_λ とすると，分光感度補正後の真のスペクトル I_λ は，

$$I_\lambda = S_\lambda \cdot A_\lambda \cdot I'_\lambda$$

で与えられる．観測で得た分光標準星のスペクトル I'_λ に対し，そのカタログ値 I_λ を用いれば，S_λ が求まる．彗星と同じ高度で分光標準星を撮影しておけば，A_λ の影響は無視することができるので，結果として I_λ を導くことができる．なお，標準星の画像には，背景光のスペクトルも混じっているため，後述の彗星と同様の方法で取り除いておく必要がある．また，通常は十分な SN 比を得るために，空間軸の方向に沿って明るさを足し合わせた値を用いる．この過程でスリット方向(空間方向)の情報は失われるので，一次元化とよばれる．

標準星のかわりに彗星と同じ地平高度にある月を撮影しておき，そのスペクトルで彗星のスペクトルを除算して補正する方法も簡易的な手法として知っておくとよいだろう．分散式の決定に月のスペクトルに含まれる太陽光の吸収線が使えるメリットもある．この場合，得られたスペクトル線の強度は，彗星が散乱した太陽の連続光強度に対する比として表現されることになる．

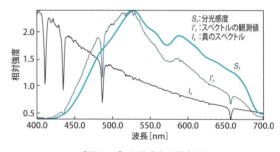

【図3-57】分光感度の概念図

(4) 彗星スペクトルの処理

比較光源のスペクトルから幾何学補正のための変換式と，位置座標を波長に変換する分散式，標準星のスペクトルから分光感度が得られたので，これを彗星のスペクトル画像にも適用する．

標準星と同様に彗星のスペクトルにも背景光のスペクトルが重なっている．光害地では特に街灯による水銀輝線が顕著であり，取り除く必要がある．通常は，波長ごとにスリット像の方向(画像の縦方向)に輝度プロファイルを作成し，彗星スペクトル上の背景光強度を推定して，引き算する手法がとられる．ただし，彗星がスリットの長さを超える範囲に広がっていると，純粋な背景光の見積もりが困難だ．この場合は，彗星の光が混じ

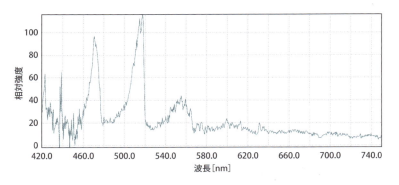

【図3-58】一次元化済みのスペクトルの例
（C/2014 Q2（Lovejoy）2015/02/15.5[UT]）

らない程度に遠く，かつ背景光強度の差が少ない，できるだけ近くの恒星のない領域を撮影し，彗星の画像から引き算するとよいだろう．

（5）一次元化

輝線の空間方向の情報を得るためにはこのままでよいが，通常は十分なSN比を得るために，標準星と同様に一次元化をする（図3-58）．

（6）輝線スペクトルの空間プロファイル

図3-53において，太陽と直交する方向（B）の彗星スペクトルから，C_2の輝線，およびその近傍のダストの1次元プロファイルを取り出し，それらの減算からC_2の分布を調査した（図3-59）．分光観測のメリットは，高価な干渉フィルタを用いずに，ガスのプロファイルを取り出すことができることだ．

6 分光観測を始めるために

インターネット上で読むことのできる資料として，最初に目を通しておきたいのは次のサイトだ．

・Astronomical Spectroscopy for Amateurs
http://www.astronomicalspectroscopy.com/

分光器の市販品や，さまざまな自作例，設計理論など，分光観測の第一歩を踏み出すうえで有益な情報が集められている．

海外ではさまざまなタイプの天体用分光器が販売されている．特筆すべきものとして，3Dプリンターで機械部分を作るタイプのものがある．完成品，半完成品の組み立てキットだけでなく，モデルデータ（stlファイルも）が公開され，自分で3Dプリントすることも可能である．軽量，安価，かつ高性能の分光器を手に入れる手段として注目の存在だ．

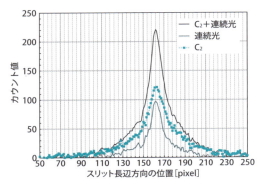

【図3-59】分光観測によるC_2プロファイルの抽出

偏光観測

太陽系天体は光源が太陽であるので，彗星の場合，散乱面は太陽 - 彗星 - 地球を含む面となる．ダストの散乱による偏光は，簡単な機器でも観測可能だが，ガスの偏光はかなり小さいため，高精度の機器が必要だ．

偏光素子

　光は偏光素子によって，さまざまな偏光成分に分けることができる．偏光素子には，方解石の結晶から作られたウォラストンプリズム（Wollaston prism）やロションプリズム（Rochon prism）が用いられ，これらに波長板を組み合わせる機器が作られている．しかし，これらの光学部品は高価であり，装置重量も大きくなる．そこで，直線偏光フィルタを用いた例を示すことにする．市販の偏光フィルタはAF対応のため，円偏光のものが多いので選択に注意したい．光学部品メーカーのプラスチック偏光フィルタの特性を図3-60に示す．おおむね可視光域ではフラットな透過特性を示しており，消光率は99.8%とされている．フィルタを装着しない場合とくらべて，半分の光しか入ってこないため，露光時間は倍になる．観測では，この偏光板を回転させて複数の画像を取得して画像演算を行う．

簡易的な観測

(1) フィルタの装着

　偏光フィルタを回転させて，散乱面（p.12参照）と平行方向，および垂直方向の2枚撮像する．この方法は，あらかじめ太陽と彗星の位置から散乱面の方向を特定しておかなければならない．星図ソフトウェアなどで，赤緯線・赤経線を描き，散乱面の角度を調べておく．カメラレンズの前にフィルタを装着する際に，ねじ込みが途中で緩んでしまうと，フィルタの偏光方向がずれてしまう．細心の注意が必要である．逆に，フィルタをねじ込んでテープで固定し，カメラ全体を回転させて散乱面に合わせてもよいだろう．

　また，偏光方向を直角にした画像を取得するため，フィルタの回転角がわかるように，枠にマークをつけておく．偏光標準星を撮像するには，45°ごとに回転させる必要があるため，「0°，45°，90°，135°」のマークをつけておくとよい（図3-61）．このときの基準位置は，液晶モニタなどが消光する位置を用いるとよい．2方向の偏光観測の精度は，フィルタ特性の精度よりも回転角の設定誤差で決まる．

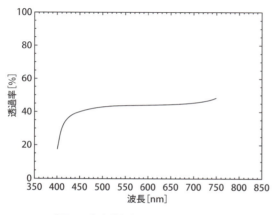

【図 3-60】直線偏光フィルタの分光特性
(Edmund #85-922)

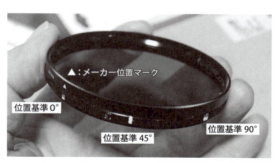

【図 3-61】直線偏光フィルタの回転位置マーク
(Kenko PL)

観測中における空の変動や時間効率良く偏光観測を行うために，散乱面，およびそれと直角方向に対して，まったく同じレンズ，カメラを用意して同時に撮像することも考えられる（図3-62）.

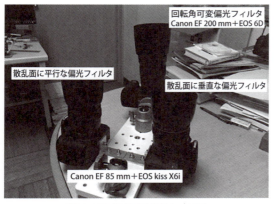

【図3-62】複数同時撮像カメラ例

(2) 観測

測光観測の中で，偏光観測がもっとも空の状態に影響を受ける．空の偏光度は太陽との位相角に依存するため時間変化する．撮像画角が広いと，部分的に空の偏光度が異なってくる．カメラレンズに偏光フィルタを取り付ける方法は，ダストテイルの偏光度測定にふさわしいが，低空で画角が広い場合には，それだけ精度が落ちることになる．おおむね5°程度の視野を目安にするとよいだろう．

散乱面に平行な画像$I_\parallel$，垂直な画像$I_\perp$の2画像を1セットとして撮像を繰り返す．スタックして長い時間をかけ1枚ずつ撮像してはいけない．$I_\parallel$と$I_\perp$との間の時間間隔が短ければ空の変動の影響を小さくできるからだ．

実際には，空のカウントレベルを見ながら，短い露光時間，高い感度（ISO，gain）で撮像していくことになる．フラットフレーム，ダークフレームは，通常通り取得する（p.92参照）．ただし，スカイフラットを偏光フィルタの角度を変えて取得すると，偏光度計算で誤差が発生しやすい．2方向の平均でフラットデータを作るか，偏光していないフラットパネル光源を用いるとよい．

一次処理した偏光画像において，空の平均カウントの変化例を図3-63に示す．安定した2方向の撮像が成功したのは，図の■マークの時間帯だけだった．偏光度演算の前に，それぞれの偏光画像から，空の強度を減算することが必要だ．多次曲面で近似して，二次元で推定することが理想的であるが，観測精度を考えて彗星近傍の空の平均値を差し引いてよい．

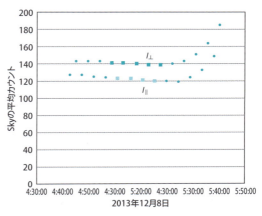

【図3-63】観測中の空の明るさの変化
（2013年12月8日）

(3) 画像解析

観測中に彗星は動くため，コマ中心の座標を求め，彗星位置を基準にすべての画像の位置を揃えておく．偏光度p（p.12参照）は，$I_\parallel$および$I_\perp$の画像演算から，ピクセルごとのpの値を得る．カラーカメラでは，RGBに分解することにより，波長依存のpを求めることができる．

$$p = \frac{I_\perp - I_\parallel}{I_\perp + I_\parallel} \times 100$$

すなわち，二方向の和に対する散乱面に垂直の成分と平行な成分の差が，太陽系天体の偏光度となる．単位は百分率だ．

図3-64に偏光度マップ例を示す．一眼カメラに200 mm望遠レンズを装着したものだ．位相角が82.3°であったため，20%を超える大きな偏光度が得られている．コマからテイルに向かって数%の偏光度の上昇も確認できる．

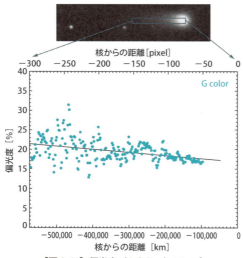

【図3-64】偏光度（Gカラー）マップ
（ラブジョイ彗星 C/2013 R1（Lovejoy），2013年12月8日）

3 精度を上げた観測

(1) 偏光フィルタホイール

偏光フィルタの基準角度を，彗星ごとに，観測ごとに散乱面の方向に合わせることは面倒なばかりか，その設定誤差も生じてくる．より高精度に，効率的に観測するためには，4枚の同一の偏光フィルタを，フィルタホイールに，0°，45°，90°，135°の角度でセットしておくとよい（図3-65）．ただし，4方向の撮像中に空の変動があると，それによる誤差が生じることになり，より短時間で1セットの観測を終了させる必要がある．また，波長選択をするためには，別なフィルタホイール，

【図3-65】4方向の角度にセットされた偏光フィルタ

あるいはフィルタドロワーが必要となる．

(2) 偏光成分

偏光フィルタや散乱面の方向は，天の北極の方向を基準にして，東回りに測る．フィルタは散乱面とは独立してセットされているため，北を基準にした画像をF_{000}, F_{045}, F_{090}, F_{135}と表す（図3-66）．

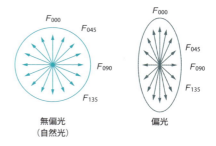

【図3-66】偏光の成分

ある位相角において，光の総量Iは，

$$I = F_{000} + F_{090} = F_{045} + F_{135}$$

ここで，偏光パラメータとして，Q, Uを定義する．

$$Q = F_{000} - F_{090}$$
$$U = F_{045} - F_{135}$$

無偏光の場合は$Q=0$, $U=0$である．

(3) 偏光観測装置の補正値

偏光観測の標準星は2種類ある．一つは無偏光の標準星で，観測システムの原点補正（機器偏光度の取得）に用いられる．もう一つは，散乱面の位置角を求める強偏光標準星だ．偏光フィルタを最初から散乱面方向に合わせてあるときには，後者は必要がない．

無偏光標準星（p.146参照）は，次のようになっている．ヘンリードレイパー星表番号**HD**，赤経**RA**，赤緯**Dec**，実視等級m_v，色指数**B-V**，スペクトル型**Sp**，偏光度p_v（%表記ではない）である．

HD	RA (h:m:s)	Dec (°:′:″)	m_v	B-V	Sp	p_v
42807	06:13:12.6	+10:37:29	6.44	0.66	G_5	0.000

無偏光標準星を撮像すると，Q/I，U/Iのプロットで装置の原点を求めることができる．手動回転の偏光フィルタを用いたもの（図3-67），フィルタホイールにセットした観測装置の結果例を示す（図3-68）．

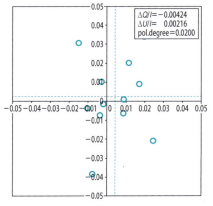

【図3-67】無偏光標準星 Q/I-U/I の分散
偏光フィルタ1枚を手動回転させた観測
(Canon EF200 mm, EOS 6D, Kenko PL filter)

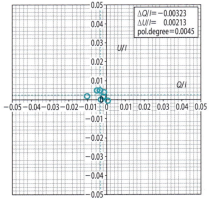

【図3-68】無偏光標準星 Q/I-U/I の分散
偏光フィルタを4枚用いた観測
(GSO 3297 mm, ASI6200MM, Edmund PL filter)

手動の平均値は $\Delta Q/I = 0.00424$，$\Delta U/I = 0.00216$であり，ホイール回転では $\Delta Q/I = -0.00323$，$\Delta U/I = 0.00213$であった．近い値ではあるが，データ分散は大きく異なっている．無偏光標準星からのズレ，すなわち機器偏光度 p_{inst} は，次のように求められる．

$$p_{\text{inst}} = \sqrt{\left(\Delta \frac{Q}{I}\right)^2 + \left(\Delta \frac{U}{I}\right)^2}$$

観測した無偏光標準星と比較した p_{inst} の平均値を求めると，手動の場合は $p_{\text{inst}} = 0.02$ (2%)，ホイール回転では $p_{\text{inst}} = 0.0043$ (0.43%)となった．観測時に，できるだけ多くの $I_{\parallel}$ と $I_{\perp}$ の撮像観測セットがあれば，手動回転であっても実用的な偏光撮像システムと言えるだろう．観測された Q/I，U/I から，機器補正して偏光度 p を求めるには，次のように画像演算をする．

$$p = \sqrt{\left(\frac{Q}{I} - \Delta \frac{Q}{I}\right)^2 + \left(\frac{U}{I} - \Delta \frac{U}{I}\right)^2}$$

(4) 太陽系散乱面への回転

偏光フィルタの角度原点の方向と天の北極の方向のズレ（回転オフセット角 θ_A）を調べるために，強偏光標準星を用いる．強偏光標準星（p.146参照）は，偏光位置角 PA が示されている．これと観測値を比較する．

HD	RA (h:m:s)	Dec (°:′:″)	mv	B-V	Sp	p_v	PA
19820	03：14：05.3	＋59：33：49	7.11	0.51	O9	4.82	115.1

装置の θ_A は，次のように求める．

$$\theta_A = PA - \frac{1}{2}\tan^{-1}\left(\frac{U}{Q}\right)$$

強偏光標準星の数は少ないため，観測前に適切な標準星を選んでおく．撮像機器の回転方向のネジの緩みや，装置の付け替え時に注意を払うことが必要だ．図3-69に測定例を示す．

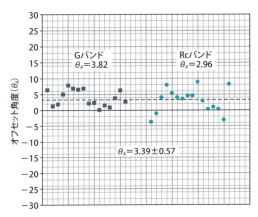

【図3-69】偏光フィルタ回転原点のオフセット
(GSO 3297 mm, ASI6200MM, Edmund PL filter)

（5）画像解析

散乱面の方向は，彗星から見た太陽の位置角であるので，Horizons（p.96参照）で調べられるPosAng ϕ に相当する．また，先に述べたように，太陽系天体は，散乱面と平行 $I_\parallel$，垂直方向 $I_\perp$ から，直線偏光を定義するため，90°の回転が必要だ．これらに，強偏光標準星の観測で得られたオフセット θ_A を加えた量 θ だけ回転させる必要がある．

$$\theta = \phi + 90 + \theta_A$$

求める直線偏光度 P は，θ と画像演算で得られた偏光度 p を用い，百分率にする．

$$P = p \cdot \cos 2\theta \cdot 100$$

以上の画像演算は，三角関数を含むため，IRAF（p.67参照）などの関数がサポートされているソフトウェアが必要だ．ただし，開口測光であれば，表計算ソフトでも可能である．彗星コマ近傍の背景大気（スカイ）が一様であると仮定して，それぞれの偏光画像から減算すると，任意の場所の偏光度を求めることができる．図3-70に，偏光度の二次元マップ例を示す．

低高度における観測の誤差評価

一般の天体観測では，30°以下の高度（天頂距離60°以上）で，測光，分光，および偏光観測をすることはほとんどない．大気の影響が懸念されるからだ．偏光観測の最も大きな課題は，大気変化への対応であると言える．大気の短時間変化に対応するためには，露光時間やフィルタを回す時間が短ければ短いほどよい．しかし，露光時間が短すぎると，シンチレーションの影響が顕著に出る．

（1）背景大気（スカイ）の推定

撮像視野に対して彗星像の大きさが十分に小さい場合は，同一フレーム内のスカイから推定する（図3-71）．まず，彗星核を通るスカイのプロファイルを複数方向作る．次に，彗星のテイルや恒星の影響がない箇所を選び，矩形領域のスカイの平均値を求める．そして，この矩形領域の平均値を用い，彗星核の位置のスカイの明るさを内挿する．

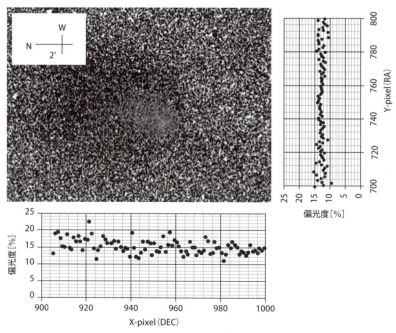

【図3-70】ZTF 彗星 C/2022 E3（ZTF）の偏光度マップ　東西・南北方向の偏光度プロファイル
（位相角80°，2023年1月12日．GSO 3250 mm, ASI6200MM, Edmund PL filter）

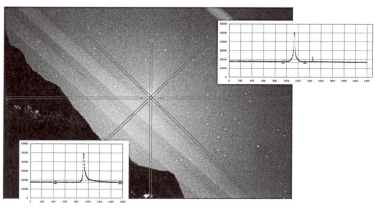

【図 3-71】背景大気の推定方法

この手順を複数方向で行い，コマ中心の位置のスカイの最適値を求める．実際の観測ではこの方法で，スカイの標準偏差は0.01以下に収束する．

(2) フィルタ回転中の大気量変化

低高度では，大気量が変化していく影響が無視できなくなる．たとえば，一つの観測ルーチンの総時間は，フィルタ回転の待ち時間を含めて約80秒かかるとすると，彗星の高度が約7°では，その間に高度は約0.2°変化する．この時の大気量の変化を，レイリー散乱（p.12参照）のモデル式で推定すると図3-72のようになる．大気による減光は，撮像フレームごとに大気量の逆数で補正することが考えられる．これを行わないと，大気量の時間変化の影響だけで偏光度は約0.5%異なってくる．

(3) シンチレーションなどの影響

フィルタ回転による観測ルーチンを，短い時間に済ませることは必要だが，短い露光時間ほどシンチレーションの影響を受ける．一般には，十分な測光精度を得るには，120秒以上の露光がよいとされている．したがって，シンチレーションを含めた測光誤差の見積もりも必要だ．図3-73は高度7°における観測の一例だが，1フレームの露光時間は2秒で，偏光フィルタの角度毎に6枚の画像を取得し，角度毎の合成メディアン画像で演算をしている．メディアン画像の標準偏差は0.02〜0.03で，このことによる偏光度への誤差は1%程度であった．

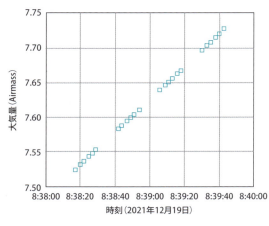

【図 3-72】高度 7°における 80 秒間の大気量の変化

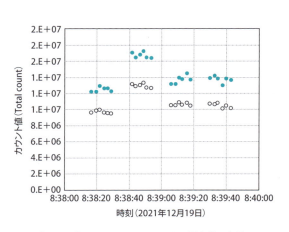

【図 3-73】シンチレーションによる測光値の変動
（Aperture size 8 pix と 16 pix を使用．GSO 3297 mm,
ASI6200MM, Edmund PL filter）

CHAPTER 3 8 画像の一次処理

CMOSチップは，数千万ピクセル（画素）の集まりだ．それぞれのピクセルには「個性」があり，光に対する反応特性が異なる．これを補正して，測定精度をあげるのが一次処理だ．

1 一次処理の基本

画像測定の前に，得られた画像（**ライトフレーム**；Light frame）に対して，一次処理を行うことが必要だ．この処理のために，機器のノイズ画像（**ダークフレーム**；Dark frame，**バイアスフレーム**；Bias frame）を考慮する必要がある．

光を遮蔽した環境で撮像しても，すべての受光素子は，温度に依存するノイズが発生する．また，ノイズは露光時間が長いと大きくなる．さらに，感度（gain値，ISO感度）が高くなると大きくなる．ダークの値はピクセルごとに異なり，この特性をとらえた画像がダークフレームである（図3-74）．また，露光時間0秒のときにもノイズは残り，この時の画像をバイアスフレームとよぶ．ここでは，基本的にバイアスフレームは，ダークフレームに含まれていると解釈して処理を進める．

【図3-74】ダークフレームの概念図

受光素子はピクセルごとに感度の高低がある．数は少ないが，ほとんど反応がないデッドピクセルや過剰な反応をするホットピクセルも存在する．そのために，機器の感度画像（**フラットフレーム**；Flat frame）を取得する（図3-75）．また，望遠鏡やレンズは，画面中心から画面端に向かって光量の低下（周辺減光）が起こり，フィルタ径が小さいとケラレが生じる．さらに，受光素子，保護ガラス，およびフィルタに付着した埃などが見える．これらは，使用する機器の組み合わせに固有なものである．広い視野での測定を必要とする彗星観測では，このような影響を取り除くために，フラットフレームを撮像する必要がある．

【図3-75】フラットフレームの概念図

一次処理に用いる画像は，それぞれ1枚ではなく複数枚の画像の平均（中央値；median）を用いるべきだ．1枚の画像にはランダムな揺らぎによる誤差が含まれている．複数画像（n枚）を用いることによって，その誤差は$1/\sqrt{n}$に減少する．

2 ダークフレームの取得

大望遠鏡では，液体ヘリウム（−269℃）を使った冷凍機を用いて，液体窒素（−196℃）を循環させている．アマチュア向け天体撮像のCMOSおよびCCDカメラの冷却形式は，ペルチエ素子による電子冷却であり，外気温に対して30℃程度の冷却にとどまる．したがって，外気温が異なる夏と冬では，観測時の受光素子温度が異なってく

る．

　ダークフレームは，光漏れを考慮して，周囲が暗い環境で，レンズキャップなどをつけたまま，観測時と同じ温度で，ライトフレームと同じ露光時間，感度で撮像する．開放型鏡筒（トラス式）では，遮光が困難だ．その場合には，フィルタの一枚に，アルミなどで作った遮光板をダークフレーム用フィルタとしてフィルタホイールに装着しておくとよい．

　彗星はコマ内の光度差が大きいため，露光時間をさまざまに変化させて撮像する場合も多々ある．その際には，複数の温度，露光時間，および感度で取得したダークフレームのライブラリを用意しておくとよい（図3-76）．非冷却のカメラは，撮像を開始すると徐々に受光素子の温度が上がっていくため，観測時の再現が難しいので，ライトフレームの前後に撮像するとよい（図3-77）．

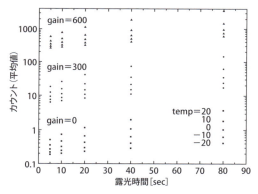

【図3-76】露光時間，感度（gain値），温度によるダークノイズ平均カウント
（ASI6200MM 外気温 10℃）

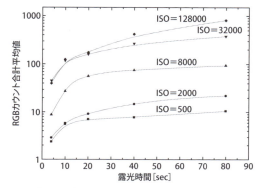

【図3-77】露光時間，感度（gain値）によるダークノイズ平均カウント
（Sony α 7C 外気温 20℃）

3 フラットフレームの取得

　フラットフレームは，波長依存性があるため，フィルタごとに取得しなければならない．なお，カメラレンズで彗星を撮像した際に，絞りを使っているならば，当然ながら絞り値を再現する必要がある．最近の傾向として，一眼カメラの「画像エンジン回路」が，ISO感度，露光時間によってピクセルごとの感度特性を変えている場合がある．メーカーによっては，ライトフレームと同じ露光時間でフラットフレームを撮像することを推奨している．

　フラットフレームは，感度を充分に下げてノイズの少ない画像を得るとよい．また，フラットフレーム用のダークフレームも同時に必要となる．フラットフレームの取得で，もっとも重要なことは「フラットな面光源」の確保だ．

　簡単なのは，晴天の空だ．彗星のダストは太陽光の反射であるため，光源の分光特性は太陽光に似ているものが望ましい．空を利用したフラットを「スカイフラット」とよぶ．レンズは太陽から充分に離れた（偏光成分を考慮すると135°〜150°）方向に向ける．視野の広いカメラレンズや小口径の望遠鏡の場合は，散光用のアクリル板を通して撮像する方が，画面全体に対して均一な光となる（図3-78）．タブレットの全画面を白色にしてフラット光源にする方法も考えられるが，光源の散乱特性が自然光と異なるため，スカイフラットの値と比較すると問題がある（図3-79）．

　感度の高い天体用のカメラでは，薄明前後での撮像が考えられる（トワイライトフラット）．しかし，恒星が写りこむ場合がある．その際には，追尾を止めて撮影した画像を連続的に取得すると恒星が動くので，複数画像をメディアン合成すると取り除くことができる．

【図 3-78】アクリル板を使ったスカイフラット

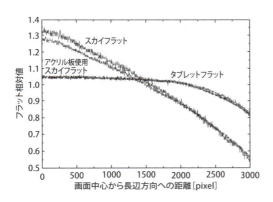

【図 3-79】フラット光源による違い
(Canon EF135 mm F2.0 開放，Sony α 7C，iPad pro 11inch)

【図 3-80】EL 発光シートで製作したフラット光源（左）
株式会社 メトロン製，光源を望遠鏡に装着（右）

【図 3-81】EL フラット光源の市販品の例

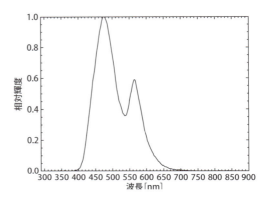

【図 3-82】EL 白色発光シートの分光特性
（測定：藤岡宇太郎）

　50 cm 以内の口径であれば，EL 発光シートを適切なサイズに切ってスチロールパネルで固定し，鏡筒先端部に合わせたアダプタを作るとよい（図 3-80）．EL シートを用いたフラット部品は，市販品も出ている（図 3-81）．EL シートは，自然光の分光特性とは異なるが（図 3-82），両者を使ったフラットを比較したところ，約 1% の範囲で一致していた．

　また，発泡スチロール球の内部を LED で照らすことによって，フラットな「積分球」を自作する方法がある．

　天体望遠鏡がドーム内に固定されている場合には，ドームの内壁に反射平板を設置し，それを複数のライトで照射する「ドームフラット」が用いられる．この方法は，反射平板と照射ライトの組み合わせで，効率的な波長域を選択できる．しかし，ドームが充分に広くないとフラットな反射を作り

にくい．そのため，低周波成分をスカイフラットで補正し，高周波成分をドームフラットで補正するという手順をとる．

フラットの精度は，そのまま測光精度に影響する．他の機種，異なるフィルタで作られたフラットフレームを用いると，明らかに誤差が見て取れる．ソフトウェアの中にはセルフフラットという機能を備えているものがあるが，低空の観測では，本来のフラットフレームに加えて背景大気光を考慮した補正となるので注意が必要だ．

4　一次処理の画像演算

一次処理は，直接撮像，偏光撮像，およびスペクトル撮像のすべてで行われる．この処理は，流通しているほとんどの画像処理ソフトウェアに標準装備されている．計算手順は次のとおりだ（図3-83）．

(a) ライトフレームからダークフレームを減算
(b) フラットフレームからダークフレームを減算
(c) フラットの規格化
(d) (a)を(d)で除算

規格化とは，フレームの中央値に対する比である．規格化されたフラットは，ピクセルの感度が高い場所は1より大きく，低い場所は1より小さいことになる．

たとえば，マカリィのタスクでは，メニューバーから，「データ一次処理」を選び，バッチ［共通バイアス・ダーク・フラット］を用いて，図3-84のように指定すればよい．

図3-85は，Vバンドによる偏光撮像（PLフィルタ）フレームの一次処理を行なった例だ．明るさが13.5〜15.5等という範囲で，視野位置によらず，約0.1等の精度が出ている．対象が点源天体であれば，フォーカスを少し外すと，格段に精度が向上する．

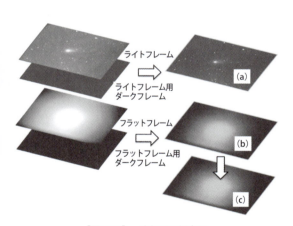

【図3-83】一次処理の概念図

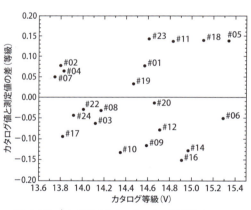

【図3-85】一次処理されたフレームの測光精度
（D=405 mm，ASI 6200MM，V-band，PL000，exp 120 sec，gain 450，temp $-$ 20℃）

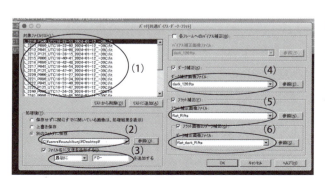

【図3-84】マカリィの一次処理
(1) 一次処理するライトフレームファイルのリスト
(2) 処理されたファイルの保存フォルダ
(3) 一次処理されたファイルに付加する文字
(4) ダークフレーム
(5) フラットフレーム
(6) フラットフレームのダークフレーム

CHAPTER 3

9 観測プランニング

位置推算をして観測テーマを練ってみよう．地図や時刻表を見ながら旅行の計画を立てるような楽しさがあるだけでなく，周到な準備は観測のために大切であり，いつ頃どのような観測が有効か知ることができる．

観測条件を調べるには，ステラナビゲータ（p.62参照）などのソフトウェアが便利だが，ここではNASAとカリフォルニア工科大学が運営するジェット推進研究所（JPL）の **Horizons** で位置推算（p.22参照）をしてグラフにしてみよう．

HorizonsはWebで彗星名や観測期間を指定すれば位置推算表を即座に計算してくれる．表計算ツールに便利なcsv形式などでダウンロードすることもできるので，グラフ化するのも容易だ．

JPL Horizons（ホライズンズ）

Horizonsで位置推算（p.22参照）をするには，ブラウザから次のURLにアクセスする．
https://ssd.jpl.nasa.gov/horizons/app.html#/

初期画面（図3-86）から次のような設定を行う．

1. **Ephemeris Type：軌道暦のタイプを選ぶ．**
   - Observer Table（位置推算表）
   - Vector Table（位置ベクトルの表）
   - Osculating Orbital Elements（接触軌道要素表）
   - Small-Body SPK File（小天体SPK binary生成）
2. **Target Body：Edit から対象天体を選ぶ．**
   固有名か符号の一部を入力してSearch．候補が提示されるので使用する元期で選択，Select Indicated Orbitで確定．
3. **Coordinate Center：観測地を選ぶ．**
   Geocentric（地心）デフォルト，通常は変更不要．必要に応じてEditのサブメニューで変更する．

天文台名，都市名，経緯度などで設定が可能．地球以外の天体や宇宙機なども指定できる．

4. **Time Specification：時刻を指定する．**
   EditでStart time，Stop time，Step sizeを入力．
5. **Table Settings：計算項目や出力形式を選択する．**
   計算する項目をクリック（図3-87）．
   座標系，単位系を選択（通常はデフォルトでよい）．
   csvなど出力形式を選択（デフォルトはtxt）．

初期画面に戻りGenerate Ephemeris（軌道暦生成）を押すと結果が出力される．出力項目などを部分的に変更したい場合は，画面上部に戻って再設定して計算できる．

結果は画面ページ最後のDownload Resultsでダウンロードできるので，Excelなどの表計算ツー

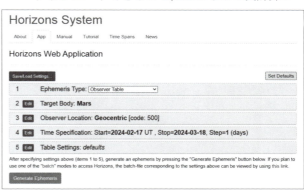

【図3-86】Horizonsの初期画面

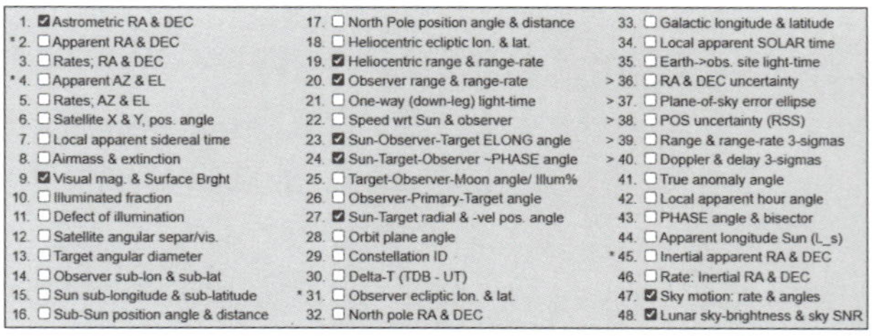

【図3-87】計算項目の設定画面
デフォルトに19と27を追加した．1．赤経と赤緯，9．予報全光度，19．日心距離と変化率，20．地心距離と変化率，23．太陽離角，24．位相角，27．反太陽方向の位置角，29．星座符号，など．

ルで読み込んで，グラフツールを使えば，すぐにグラフ化できる．

　Horizonsは API にも対応しているので，Astroquery など Python ライブラリを使ったスクリプトで自動化もできる（図3-88，3-89，3-90，Web☞Python ライブラリを使ったスクリプト）．

【図3-88】Astroquery による Python スクリプトの例

スマホのアプリ Pydroid 3 で，紫金山・アトラス彗星 C/2023 A3（Tsuchinshan-ATLAS）の 2024 年から 2025 年の観測条件を Horizons で計算し，matplotlib でグラフにする．スクリプトは Web に置くので，改良して活用してほしい．

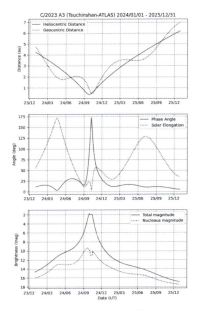

【図3-89】左の出力結果

（上）日心距離，地心距離，（中）位相角，太陽離角，（下）全光度，核光度の変化（グラフが滑らかでない部分は，位相角が 120°を越えると，光度式のモデルの精度が低下することを反映し，計算結果を 1 等級単位に丸める Horizons の仕様によるもの）

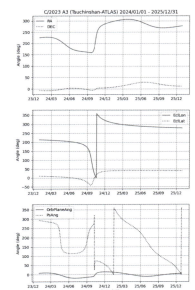

【図3-90】左と同じスクリプトの項目名を変更して出力

（上）赤経と赤緯，（中）日心黄経と日心黄緯，（下）軌道平面が視線方向になす角と太陽方位角の変化．計算はいずれも UT0h の 1 日刻みで指定している．360°を超えると 0°に戻ることに注意．

2　グラフの活用方法

　グラフを見るときは，マスコミなどで流れる観望好機と科学的な観測好機が異なる場合があることに注意しよう．なお，以下は例示した紫金山・アトラス彗星に限らず，一般的なグラフの見方だ．

　最も気になるのは明るさだが，使用する機材や空の条件により，観測可能な期間を知る目安になる．とはいえ光度式（p.109参照）に基づくものであり，予報どおりにならないことが多い．むしろ，予報と違う振る舞いを見せたときにこそ，新しい知見が得られるチャンスと考えよう．最新の観測光度を知るためには，図3-91に示す次のサイトが参考になる．

・今週の明るい彗星（吉田誠一）
http://www.aerith.net/comet/weekly/current-j.html

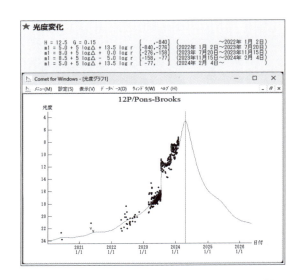

【図3-91】「今週の明るい彗星（2024年2月10日：北半球版）」（吉田誠一）によるポンス・ブルックス彗星 12P/Pons-Brooks の光度グラフ

近日点通過前後，特に通過直後は，ダストテイルが急激に発達することがあり，彗星らしい姿を楽しむには見逃せない時期だ．この頃は光量が豊富なため，フィルタや分光器を用いた観測もしやすくなる．しかし，太陽離角は小さく，薄明中の低空での観測を強いられる．これは，測光精度を低下させる大きな要因となる．太陽に近づいて活動的になる彗星を観測する際の最大のジレンマだ．

　近日点通過前後は，明るくなって淡い構造が見えやすいという点に注目し，彗星の形状をとらえることに重点を置いてみたい．近日点距離が小さな彗星では，太陽に接近しないと見えない現象をとらえたいところだ．ストリーエ（p.28参照），ナトリウムテイル，さらには核の分裂などに注目だ．

　太陽から離れて彗星がやや暗くても，背景光の影響が少なく空の暗い状態で，観測時間が長くとれる時期は，明るさを正確に測る観測には有利だ．また，プラズマテイルの形状や核の自転に起因するさまざまな現象など，短期間での変化を狙うのも面白い．

　チャレンジ精神旺盛な読者には，彗星が暗い時期も観測を継続してほしい．見えなければ上限値を抑えられるし，アウトバーストなど予想もしない現象がおきるかもしれない．遠い日心距離での彗星には未知の部分が多く，太陽に接近した後の彗星では，その影響が核にどのような影響を与えたか，長期間モニターしてみたい．

　光度予報は地心距離とセットで見ることも重要だ．仮に彗星の活動度が低い状態にあっても，地球に接近したら光度は明るくなる．マスコミなどでは，地球最接近が注目される．地球に近いため，コマの詳しい構造などの観測には有利であり，位相角が短期間に変化するので，偏光度の変化などを追うのにもプラス要素といえる．

③ 位置関係に注目

　彗星は，太陽系を長細い軌道で駆け巡っていく

だけに，光度だけではなく地球との位置関係もめまぐるしく変わっていく．この点も観測プランを練るうえで重要な要素だ．彗星の軌道面と地上の観測者の視線方向とのなす角度（図3-90）は，尾の見かけの形状を大きく左右する．角度が大きいほど，形状の分析には有利であり，またプラズマテイルとダストテイルが重なり合う心配も減る．一方，角度が小さいころには，軌道面に広がるダストの視線方向の奥行きが増し，それまで淡くて見えなかった構造（p.40参照）をとらえるチャンスだ．対物分光器（p.81参照）による尾の観測も，スペクトルが重なる影響が少ないので成果が上がるだろう．

　位相角（p.12参照）は，偏光観測において重要な意味をもつ．できるだけ長期間にわたり，さまざまな位相角に対する偏光度を測定したい．過去の彗星のコマの例では位相角が90°のあたりで偏光度が最大となっている（p.125，図4-50参照）．

同一夜の観測プランニング

　一夜に複数の彗星を観測する場合，西空で沈みそうな彗星から始めるなど，できるだけ地平高度の高い良い条件で全てを観測していきたい．そんなときに便利なのが観測スケジューラ（観測プランナー）だ．ここでは，次の観測スケジューラを紹介しておく．詳しい解説とプログラムのダウンロードサイトは次のURLにある．

・ニューラルネットワークによる彗星観測スケジューラ（吉田誠一）
http://www.aerith.net/scheduler/scheduler-j.html

　また，彗星光度観測データベース **COBS** がオンラインで提供している「観測プランナー」も紹介しておく（図3-92）．直感的に使えて解説はないが，英語なので少し詳しく解説しておく．

・Comet Observation database（COBS）
https://www.cobs.si/

　最初にCOBSにSign Upしてアカウントを作成する．氏名やパスワード，メールアドレスのほか，観測地の緯度，経度，標高，タイムゾーンなどを

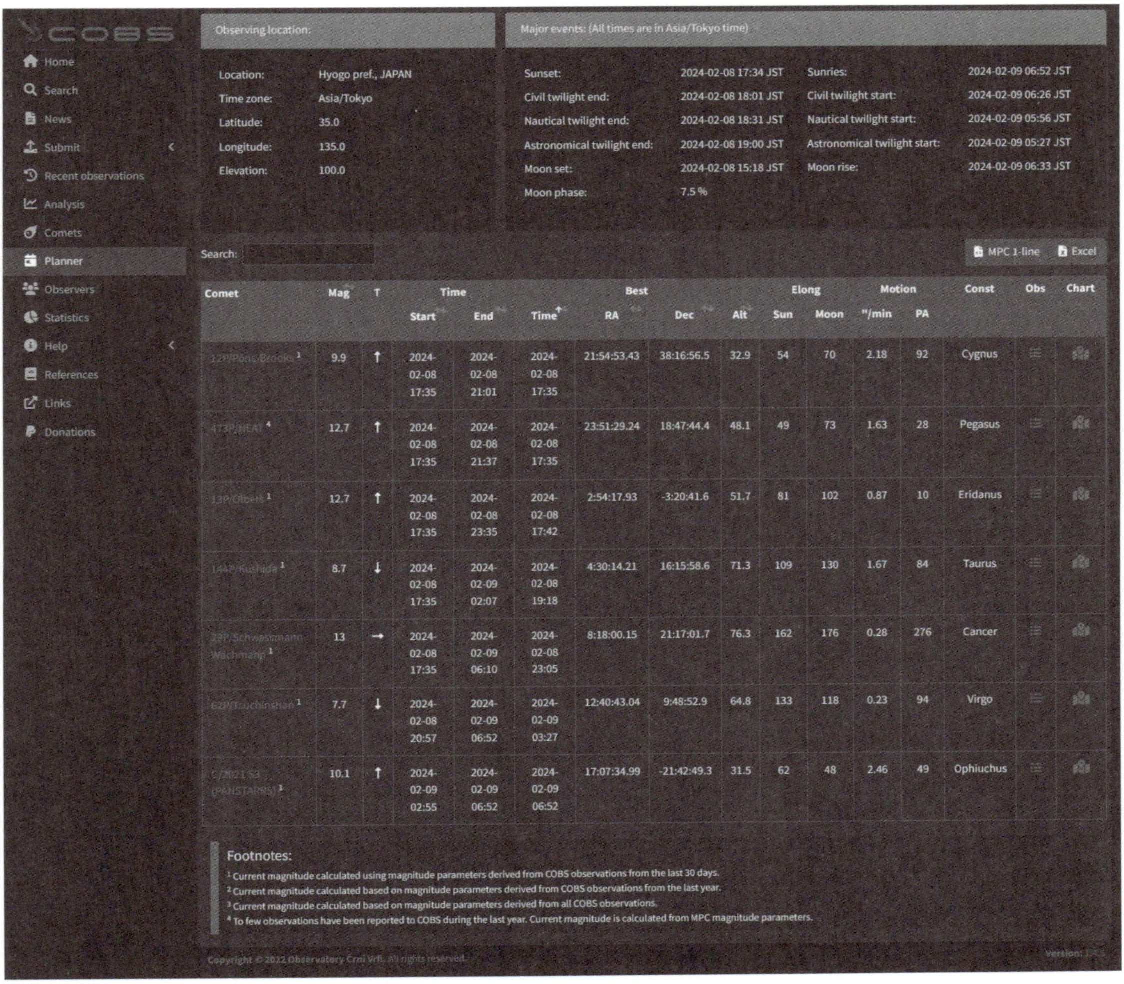

【図 3-92】COBS の観測プランナーの出力例

登録する．また，観測条件（限界等級，最小地平高度，最小太陽離角，最小月離角）も設定できるが，ここは観測プランナーを使用する際にも変更できる．デフォルト値は15等，10°，10°，10°となっている．

次回からはSign Inでログインすると，自分の観測地や観測条件で観測プランナーを利用することができる．観測プランナーでは観測日をカレンダーから選択してSubmitするだけだ．Submitすると，Sign Upのときに設定した条件を基に（変更も可），日没出時刻や薄明終了開始時刻，月齢や月出没時刻といった基本的な条件はもちろん，

限界等級より明るい個々の彗星の最新の観測報告に基づく予報等級，観測可能時間帯，最適時刻，その赤経，赤緯，地平高度，太陽や月との離角，彗星の運動方向や運動量といった数値の表が作成される．別の項目名の右上にある上下向きの矢印アイコンをクリックすれば，その項目の昇順降順に並び替えられる．更に，最新の観測報告一覧や観測用の簡易星図（PDF）へのリンクのアイコンもあり，その日の観測計画の立案に活用できる．なお，COBSは現在も改良が続けられているので，最新の状況はサイトで確認してほしい．

column

ジェット構造の検出

ポンス・ブルックス彗星 12P/Pons–Brooks は，2024年の回帰の半年以上前から，何回ものアウトバーストを繰り返していた．彗星コマ内部に見られたアーク状構造などの解析よって，核の自転周期，自転軸の方向，および活動領域の緯度などが推定された（4章参照）．

これらの構造は，ほとんどがダストによる構造だったが，近日点に近づくにつれてガスのコマが顕著に見えはじめてきた．これによって，核近傍の構造はさらに複雑な様相になった．2024年1月には，CNのジェット構造を検出したという情報がもたらされた．

❶ C_2 スパイラルジェット構造の検出

CNや C_2 のジェット構造をとらえるためには，それらの近傍の波長で太陽の連続光（continuum）を差し引かなくてはならない．それを考慮すると，近傍にさまざまな分子バンド輝線が多い C_2 よりも，CNの方がフィルタワークは簡単だ．ところが，市販のCMOSカメラの分光特性と日本の空の透明度を考えると，CNは非常に難しい．しかし，近日点に近い12Pの位置は低空であるが，4等台という明るさになったため，C_2 とcontinuumを10秒ずつ交互に露光し，順次その差分をとり，C_2 の画像を重ね合わせてS/Nのよい画像を得ることができた．この画像に，画像強調フィルタを適応したところ，C_2 スパイラルジェット構造の抽出に成功した（図3-93）．観測日は限られたが，核の自転に関する重要な情報が得られた．

【図 3-93】 12P/Pons–Brooks の C_2 スパイラルジェット

❷ ダストジェットの検出

C_2 の撮像と並行し，標準測光システムのRcとVフィルタを用い，偏光撮像観測も実施した．4方向の偏光画像を加算することで，通常の画像を得ることができるため，それぞれの波長域の画像で，ジェットの抽出を行った（図3-94）．Rcは主にダストを捉えており，Vには，ダストと C_2 の輝線が入り込んでいる．C_2 ジェットとRcジェットを比較すると，核表面において，明らかに異なる位置からジェットが噴出していることがわかった（口絵参照）．

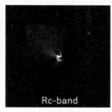 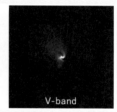

【図 3-94】 12P/Pons–Brooks のダストジェット（2024年3月27日撮影）

❸ ダストジェットの偏光度

Rc，Vのそれぞれの偏光画像から偏光度を計算し，コマ中心を通るプロファイルを作った．Rcに記録されたダストジェットの部分で高い偏光度を示すことが明らかになった（図3-95）．

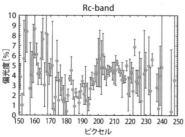 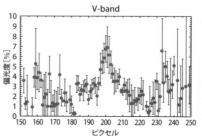

【図 3-95】 12P/Pons–Brooks のコマ中心付近の偏光（2024年3月27日撮影）

第 4 章
彗星を探る
RESEARCH ON COMETS

太陽系の化石とも言われる彗星．
彗星の本質を探れば太陽系創生時の謎が解けるかもしれない．
彗星の画像にはさまざまな情報が盛り込まれている．
位置，光度，モロフォロジー（形態学），
その測定から何を知ることができるのだろうか．

位置観測と軌道計算

彗星の位置を知るためには，軌道要素が必要だ．信頼できる軌道要素は，正確な彗星の位置観測のデータを用いた軌道計算を経て，初めて得ることができる．あらゆる彗星観測の基礎となる重要なプロセスである．

1 彗星の軌道と位置観測

彗星の軌道は，その形と大きさを決める q, e, と軌道平面の角度を決める ω, Ω, i, そして軌道上における彗星の位置を求める基準点となる T の6つのパラメータで定義される（p.21参照）．これらの値を決めることを**軌道決定**とよんでいる．通常この作業は，地球から見た彗星の位置情報を使って行われる．軌道要素を構成する6つの未知パラメータを導き出すためには，6つの既知の観測値が必要だ．1回の観測で，彗星の二次元座標の2つの成分（赤経，赤緯）が求まるので，計3回の観測を行えば軌道要素が計算可能となる．ただし，実際には観測には誤差が含まれるため，正確な軌道要素を得るためには，できるだけ多くのデータが必要になる．さらに，惑星の重力などによる軌道の変化（摂動）も考慮に入れながら，随時精度が高められていく．これを**軌道改良**とよぶ．

こうした研究には誤差が角度の1秒以下という精密な位置観測が必要だ．それを得る観測を**精測観測**，あるいは単に精測という．天体の位置測定を扱う分野を位置天文学，天体測定学などとよぶ．英語では，アストロメトリ（astrometry）というが，天体の天球座標を求める作業そのものをアストロメトリとよぶことがある．彗星の分野では通常アストロメトリとは精測のことを指す．

日本では多くのアマチュアがこの分野で活躍しており，彗星天文学の基礎を支えている．

2 精測の原理

彗星の天球座標（赤経，赤緯）の測定は，彗星を含む天域を画像として記録することから始まる．位置が既知の周囲の恒星を基準に彗星の座標を割り出す．さまざまな方法があるが，彗星の軌道決定に必要な精度の高い測定値を得るためには，球面である天球の撮像素子平面への投影や，使用した光学系，地球大気による屈折などさまざまな影響を考慮に入れる必要がある（図4-1）．

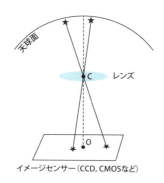

【図4-1】球面である天球を平面に投影する

広く使われているのは，**乾板常数**（定数）**法**とよばれる方法だ．撮像素子上の (x, y) 座標と天球上の（赤経，赤緯）の対応関係として関数で表現し，彗星の周囲に写っている位置が既知の恒星を多数測定することで関数に含まれる定数を決定する．ここまでくれば，彗星はもちろん，画像内のあらゆる x, y 座標値を赤経，赤緯に変換することができる．決定した定数が乾板常数（plate constant）とよばれるのは，かつて撮像素子がガラス乾板であった時代の名残だ．乾板常数を求める作業である**プレートソルビング**（plate solving）という用語は，近年天体撮影や電子観望を楽しむ天文家の間にも広く知られるようになった．

3 精測観測の方法

(1) 撮影機材の選定

　カメラは，暗い彗星まで映せるという点で冷却CCD（CMOS）カメラが有利だが，デジタル一眼カメラでも十分可能だ．

　光学系は，精度をあげるために夜空を大きく拡大して撮影できる，ある程度焦点距離が長いものがよい．しかし，それに反比例して視野が狭くなり，写りこむ比較星の数が減るというデメリットも発生し，実際には適度なバランスが重要となる．画像の1ピクセルが天球上の2〜4″程度になるような組み合わせが一つの目安と言われている（図4-2）．

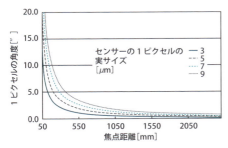

【図4-2】焦点距離とピクセルサイズごとの空間分解能

　できるだけ星像がシャープに写る光学系と正確な追尾ができる架台も必要だ．撮影時の焦点合わせも正確に行いたい．

(2) 正確な時刻の記録

　撮影にあたっては，カメラ（またはそれをコントロールするパソコン）の時刻を正確に合わせる必要がある．彗星は時間とともに移動するため，撮影時刻の記録精度は位置精度に直結する．最低でも1秒の精度が必要とされる．インターネットに接続されていればタイムサーバーを使うことでより正確に行える．気づかぬうちにずれていることもあるので，観測開始時にはまず情報通信研究機構の時刻情報（https://www.nict.go.jp/JST/JST5.html）を使って確認することを習慣にするとよい．

　使用するカメラ，撮像用ソフトウェアの組み合わせで，画像ファイルに自動的に記録される撮影時刻が撮影の開始時刻なのか，終了時刻なのか，あるいはその中心時刻なのか，確認しておく必要がある．

(3) 撮影の構図

　長い尾を狙うような観測では，あえて彗星頭部を視野の端に寄せる場合がある．しかし，精測の場合は，彗星のまわりに均等に比較星が分布するように，彗星が画像中央になるような構図とする．また，後の測定を効率よく行うために，画像の上ができるだけ正確に天の北極の方向（北）になるように，カメラを回転させて調節しておく．

(4) 露光時間

　彗星や比較星がぼんやりとしか見えない写り具合では測定は困難であるが，過度な露光も禁物だ．彗星の場合，頭部の最も明るい点（中央集光部）を核の位置とみなして測定が行われる．露光量が多すぎるとまわりのコマの光に埋もれてしまい，どこが核の位置かがわかりにくくなる．精測用ソフトウェアは，複数のピクセルの値を使って半自動的に核の位置を計算してくれるが，その処理にも悪影響がある．見た目に美しい彗星の姿を撮影する場合とは異なり，精測における露光は，抑えめにするのが原則だ．中央の集光している部分以外が，できるだけ写らないように露光をするのだ．これは，露光時間中の彗星の移動の影響を最小限にすることにもつながる．

　1回の観測で最低でも2枚以上の画像を撮影するが，測定対象が目的の彗星であるかを確認するためには，その移動を確認できる程度に間隔をあけて撮影しておきたい．

(5) 画像処理

　精測は明るさを正確に求めることが目的ではないが，ダークの差し引き，フラット補正といった一次処理（p.92参照）も可能な限り行いたい．淡い彗星ほど測定精度に影響が出てくる．

彗星像が測定に耐えないほど淡い場合は，複数フレームを重ねあわせる（コンポジット，またはスタック）といった画像処理が必要なこともあるが，彗星の移動による誤差を持ち込む要因にもなることに注意が必要だ．

4 画像の測定

最も広く使われているソフトウェアが，**アストロメトリカ**（Astrometrica）だ．Windows上で動作するシェアウェアで，100日間は無料で試用可能となっている．以下，執筆時点での最新版であるVersion 4.13.0.451を用いた，インストール後の画像測定の流れの要所を紹介する．

(1) 軌道データベース

Internetメニューから，MPC（Minor Planet Center）の軌道データをダウンロードする．初回の起動でこれを行うと，数分の時間がかかり，データファイルが作られる．2回目からは，Updateを選択すればよい．サブメニューから，彗星の軌道のみの更新も可能だ（図4-3）．

【図4-3】軌道データベースにアクセスする

(2) 観測機器の基本情報

File → settings → CCDのメニューから，使用する観測機器に応じた設定を行う（図4-4）．

注意したいのがCCD ChipのPixel Width, Heightだ．通常は，製品のカタログ値でよいが，測定前の画像処理の過程で縮小，拡大を行ったり，Debayer処理で画像のピクセルサイズ（解像度）を変えたりした場合は，その比率に応じて修正する．これを正しく行わないと，後述の画像と星表のマッチングの失敗につながる．

同じメニューのタブから，Programを選び，使用する星表をセットする（図4-5）．最新版では，

Gaia DR2が使えるのでこれを選択するのがよいだろう．

Program Settingは，SaveAsを選ぶことで任意の名前で保存し，Openで呼び出すことができる．異なる機材で観測する場合などは，それに応じた名前で保存しておくと便利だ．

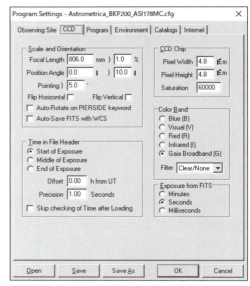
【図4-4】機器情報設定画面

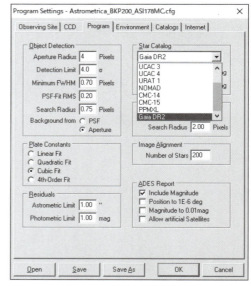
【図4-5】比較星カタログの選択

(3) 画像処理

アストロメトリカで読み込めるファイル形式は，基本的にFITSだが，一部のCCDメーカーの独自フォーマットもサポートしている．JPEG，

デジカメのRAW形式で撮像した場合には，FITSに変換しておく必要がある．また，RGBの3プレーンをもつFITSカラー画像は読み込めないため，単色に分解，またはRGBを足し合わせてモノクロ化しておく．Bayer画像は，1プレーンしか含まない一種のモノクロ画像なのでアストロメトリカでも読み込めてしまうので注意が必要だ．

アストロメトリカでは，ダーク，フラットフレームを読み込んだ後で，彗星のフレームを読み込むと自動的に一次処理が行われる．

(4) 測定準備

Astrometry → data reduction → coordinates → object とメニューを開いて，測定対象の彗星を選ぶ．ダウンロードしたMPCの軌道要素から位置推算が行われ，自動的に画像の中心座標として用いられる．

（2）で選択した星表から比較星のデータが読み込まれ，自動的に画像上の恒星と同定されマークが付けられる．何らかの理由で自動的に同定ができなかった場合は，手動で行うこともできる（図4-6）．

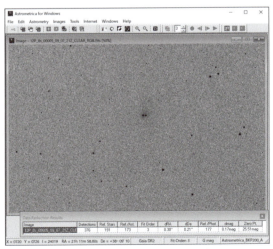

【図4-6】画像と星表のマッチング

(5) 彗星の測定

彗星のコマ中心にマウスカーソルを合わせて，輝度が最大の点を目測で探してクリックする．すると，クリックした点付近の拡大画像とともに，輝度プロファイルが表示される．ソフトウェアが自動的にコマ中心の位置を検出し，測定結果がファイルに書き込まれる（図4-7）．

なお，アストロメトリカには彗星の光度を測定する機能もある．この際には，比較星リストの選択，アパーチャサイズに配慮が必要だ．

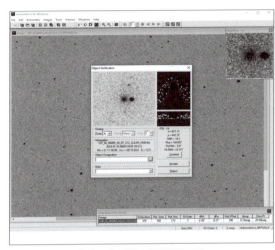

【図4-7】彗星の位置測定画面

(6) 観測データの報告

測定結果は，MPC（Minor Planet Center）へ報告をしよう．アストロメトリカが出力したADESフォーマットのファイルを，MPCの専用サイト

https://minorplanetcenter.net/submit_psv?method=post

で投稿する．

データ報告にあたっては，MPCの次のサイトに目を通しておきたい．

https://minorplanetcenter.net/iau/info/Astrometry.html

【図4-8】測定結果の報告画面

5 軌道決定

得られた精測観測データから彗星の軌道を求めてみよう．そのためのソフトウェアはいくつか公開されているが，ここではProject Plutoによる「Find_Orb」を取り上げる（図4-9）．Windowsで動作する無料のソフトで，次から入手可能だ．

https://www.projectpluto.com/find_orb.htm#download

【図4-9】Find_Orb の軌道計算結果表示画面

基本的な使い方は非常にシンプルで，MPCフォーマットに従って書かれた位置測定データを読み込むだけで，計算された軌道要素が表示される．ADESフォーマットからMPCフォーマットへの変換には，次の「ADES Astrometry Parser」が便利だ．

https://birtwhistle.org.uk/SoftwareADESAstrometryParser.htm

機能は限定されるが，ブラウザ上で動作する「On-line Find_Orb」も用意されている．

https://www.projectpluto.com/fo.htm

PCにインストールすることなく実行することができる（図4-10，図4-11）．

 ## 6 簡易的な位置測定方法

FITSファイルにWCSヘッダー（p.71参照）が書きこまれている場合は，その情報をもとに画像中の天体の天球座標を簡単に知ることができる．例えば，「SAOimage DS9」（p.65参照）や「マカリィ」

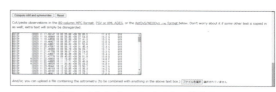

【図4-10】On-line Find_Orb の操作画面
ウインドウの所定の場所に MPC フォーマットのデータをコピー＆ペーストし，クリックするだけで実行される．

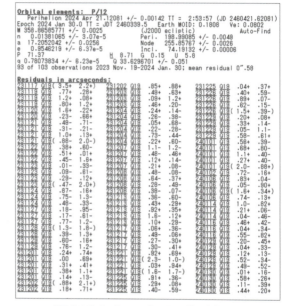

【図4-11】On-line Find_Orb の結果出力画面
軌道要素の他，観測データの誤差（残差）も表示されるので自分の観測の精度を調べるのにも有効だ．

などで読み込んで，彗星のコマ中心にカーソルを合わせると，赤経・赤緯が表示される（図4-12）．「Seestar S50」（p.74参照）は，自動導入する際にプレートソルビングを行ったパラメータをFITSファイルに書き込むため，彗星の位置観測に便利だ．実機でテストしたところ，「Horizons」（p.96参照）の予報位置との差は，5秒角以下であった．これは，CMOSセンサー上の2ピクセル分に相当する．暫定軌道を求めるには，十分な精度と言える．

なお，他機種で得られた画像の場合，インターネットの「Astrometry.net」を使うのが便利だ．

https://nova.astrometry.net/upload

に画像（FITSはもちろん，JPEG等にも対応）をアップロードするだけで，WCS入りのFITSファイルを自動的に作成してくれる．

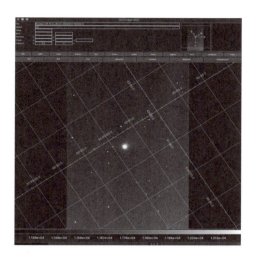

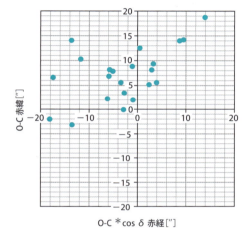

【図4-12】Seestar S50のWCS座標の活用
SAOimage DS9によるWCSの表示（上）.
同上の表示から求めた彗星の位置変化（下）.

7 位置観測と軌道計算の意義

(1) 観測に不可欠な情報

彗星の観測計画を立て，実際に望遠鏡を向けるためには，いつ・どの方向に見えるかを正確に知ることが不可欠だ．探査機においても，彗星の位置がわからなくてはたどり着くことさえできない．観測の種類によっては彗星の方向だけでなく，太陽など他の天体との位置関係，速度などの情報も必要になる．これらを可能にする軌道要素は，あらゆる彗星研究の礎だ．

(2) 軌道の統計的分析

彗星の軌道データの蓄積は，その統計的分析を可能にする．かつてオールトの雲，エッジワース・カイパーベルトという概念を生み出したことを踏まえれば，彗星はどこから来て，どこへ行くのかという彗星研究の究極のテーマにつながるアプローチとも言える．近年話題となった星間彗星の発見（p.56参照）も，その軌道が決め手となった．

(3) 軌道要素の変化と彗星核の物理

第2章で見たように，彗星核からの質量放出は非重力効果として核の軌道を変化させる．逆に，軌道の変化を非重力効果で再現することによって彗星核からのガスやダストの放出量，自転軸に関する情報が得られるのだ．

彗星核が分裂した際には，分裂後の軌道から分裂時の相対速度や核の質量を推定できる．また，別の彗星として認識されていた彗星同士が過去の軌道をたどることで，かつては一つの彗星核であったことが判明した例もある．彗星核の内部構造を探る貴重なケースだ．

(4) 精度の良い軌道を求めるために

位置観測から，より精度の高い軌道を決定するために必要なのは，まずは個々の観測の精度を上げることだ．加えて，軌道上のできるだけ広い範囲（アークという）で位置データを得ることだ．彗星が明るく，地上から盛んに観測されるのは，軌道全体から見れば近日点を挟んだわずかな期間にすぎない．彗星が暗い，すなわち遠い距離にあるときの観測は軌道の精度を高めるうえで貴重なものとなる．

その意味で望遠鏡を自由に使えるアマチュア天文家の役割は大きいと言えるだろう．美しい彗星の画像を撮ることの難しい光害地においても，核を含む明るい部分さえ撮像できれば貴重な科学的データが得られるのも大きな魅力ではないだろうか．

光度観測

彗星の光度（明るさ）は，核の大きさや組成などの各彗星の特色に加え，太陽と彗星と地球の位置関係に依存する．光度観測は彗星の規模の推定や観測計画に役立ち，さまざまな現象を反映していることから，他の解析においても重要だ．

1 彗星の光度変化

彗星の光度変化を単純化するなら，核が氷とダストの混合物であることから，それらがどのように光るかを考えればよい．氷の昇華が彗星活動を支配するため，もっとも重要なのは彗星の日心距離 r だ．また，地球からの観測に影響するのは，彗星の地心距離 Δ になる．

彗星が $r = 1$ au，$\Delta = 1$ au にあったときの光度を，**絶対等級** m_0 と定義する．絶対等級は，核の大きな彗星ほど放出される物質が多くて明るいと考えられるため，彗星の規模の指標となる．たとえば，大彗星と呼ばれるヘール・ボップ彗星 C/1995 O1 (Hale-Bopp) は $m_0 = -3$ で，核の直径は 60 km ほどあった．

観測される彗星の光度 m は，放出されたガスとダストによって作られたコマ全体の明るさの場合，**全光度** m_1 とよばれている．彗星の活動度の低い遠方では小惑星のような固体表面の反射に近く，このときの光度を**核光度** m_2 とよんでいる．ただし，核がコマに覆われた段階では，光学的に厚い中心部分（中央集光部）の光度を m_2 として測定できたとしても，それは本来の核の光度ではないことに注意が必要だ．

光度が r に依存するということは，核の表面温度 T に関係するということだ．T が上昇すると氷の蒸発量は増えるが，それに伴い蒸発時に奪われる熱（潜熱）も増え，温度を下げる方向に作用する．その結果，T は両者のバランスのとれた状態に落ち着く（蒸発平衡）．したがって，この状態の温度を r の関数として求めていくことになる．しかし，彗星の氷は H_2O の氷ばかりでなく，CO，CO_2，

CH_4 などさまざまな氷が含まれている（p.30 参照）．これらの氷が r に依存してどのように昇華していくかを示す（図4-13）．火星軌道以遠では H_2O 以外が支配的だ．多くの彗星の光度の予測は，H_2O の昇華が盛んになる距離で正確さを増すと言ってよい．ただし，氷の組成は彗星ごとに異なることが知られており，H_2O にくらべて揮発性の高い氷に富んでいると遠距離で明るくなり，太陽に近づいても活動度が上がらないことがある．

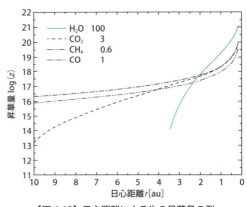

【図4-13】日心距離による氷の昇華量の例

昇華した氷からはコマを形成するガス成分の母分子が供給される．母分子が太陽光で分解されてラジカル（p.31 参照）となり，主に C_2，CN が可視光で観測されるようになる（図4-14）．彗星に特有の緑色は，C_2 の輝線バンド群だ（p.31，図2-33 参照）．ラジカル分子は，太陽光の共鳴散乱（p.121 参照）で発光しているが，r が小さくなると寿命が短くなるため，ガスのコマの半径，発光強度は複雑に変化する．

氷の昇華に伴ってダストが放出される．ダストのほとんどはケイ酸塩だが，有機物のダストも検出されている．遠距離では H_2O の氷の粒子がダストのように振る舞うこともある（氷ダスト）．ダ

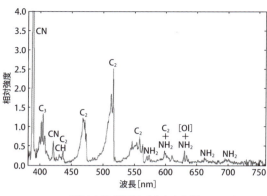

【図4-14】彗星スペクトルの例

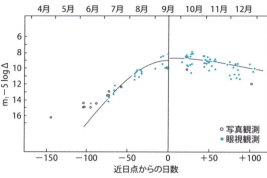

【図4-15】近日点非対称の例
(1988-89年のテンペル第2彗星 10P/Tempel，近日点後でも明るさが衰えていない．中村彰正)

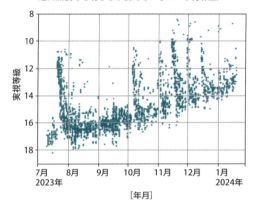

【図4-16】アウトバーストの例（ポンス・ブルックス彗星 12P/Pons-Brooks，斜めの帯状部分が本来の光度変化で，そこから上向き縦に伸びているところが増光部．長谷川均ほか）

ストは太陽光の散乱によって発光する．ダストの半径は可視光の波長より大きいため，散乱はミー散乱(p.12参照)だ．一般に，ダストのコマが発達した彗星は，明るくなる可能性が高い．ガスとダストの比は，彗星の光度と密接な関係にある．

ガスの拡散速度が低いと，ダストは彗星重力圏を脱出することができず，彗星核表面に落下してダストマントルを形成する(p.24参照)．この層は熱伝導率が低く，氷の昇華を抑えるので，彗星表面の全ての領域から氷の昇華が起こらない理由の一つだろう．これは，周期彗星で発達していると考えられる構造で，氷が昇華できる特定の領域が活動領域だ．

活動領域は，自転軸の方向と公転面との角度によって太陽光に照らされる状況が変化する（季節効果）．したがって，彗星の光度変化は近日点に対して必ずしも対称的にはならない(図4-15)．これは非重力効果(p.22参照)にも現れていて，A2パラメータ(軌道運動方向への加速成分)は，近日点通過前に明るい彗星では負(減速)になり，近日点通過後に明るい彗星では正(加速)になる傾向があるようだ．近日点通過前に活動領域が日照を受けると減速する方向にガスを噴出して明るくなり，逆に近日点通過後だと加速する方向にガスを噴出して明るくなるからだろう．

また，遠方で揮発性の高いCOやCO_2などが順次に昇華して新たな活動領域が誕生したり，太陽に近づくと，豊富なH_2Oの昇華とともに活動領域が拡大し，新規に形成されることもある．彗星の光度変化は一筋縄ではいかない(図4-16)．

2 彗星の光度式と光度予測

彗星核やコマの物理的な性質は，新しく発見された彗星ならば，ほとんどのパラメータが未知であり，周期彗星の場合でも詳しく調べられていないこともある．一般的には，このことを考慮しつつ，日心距離r，地心距離Δとしたとき，次のような光度式をポグソンの式(p.10参照)から導いて，彗星の光度を予報する．

$$m = m_0 + 5 \log \Delta + 2.5\, n \log r$$

$5 \log \Delta$：地心距離の効果

$2.5\, n \log r$：日心距離の効果

（$2.5\, n = k$とも表す）

小惑星のような場合は太陽光の反射のみなので，$n=2$になる．彗星では，$n=2〜6$程度の範囲だ．つまり彗星の光度変化の特徴はnによって表されると考えてよい．ただし，活動領域の変化などが想定された場合には，複数の光度式を用いなければならない場合もある．

実際に光度式を用いた予測の例として，徐々に近日点へ向かって接近している紫金山・アトラス彗星C/2023 A3（Tsuchinshan-ATLAS）を取り上げよう．これは分裂などを起こさない定常的な変化を前提としたものだ．

発見時のrは7.7 auで，木星軌道と土星軌道の間だ．遠方で発見された彗星としては7.3 auのヘール・ボップ彗星C/1995 O1（Hale-Bopp）が有名だが，この彗星は発見当初にCOの昇華による活動が見られ，rが小さくなるにつれて，順調にCO_2，H_2Oの昇華が活動の中心になっていった．そこで，ヘール・ボップ彗星を紫金山・アトラス彗星と比較してみよう（図4-17）．

2つの彗星の7 au付近での光度を比較すると，6等級ほどの差が見られる．これが単純に核の大きさの差によるものだと仮定すると，紫金山・アトラス彗星の核の直径は2.4 km程度となる．小ぶりな彗星であるが，近日点距離は，ヘール・ボップ彗星が0.89 au，紫金山・アトラス彗星は0.39 auなので，それを考えれば悲観的な最大光度ということでもないだろう．

次に彗星の活動度について考えてみる．過去の大彗星のm_0とnを用いて，紫金山・アトラス彗星の光度にフィットさせてみると，$m_0=4.6$，$n=4.0$の百武彗星C/1996 B2（Hyakutake）の光度式と，よく合っていることがわかる（図4-18）．

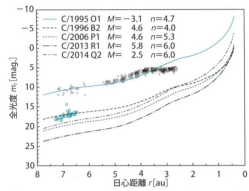

【図4-18】過去の彗星の光度式とのフィッティングの例

百武彗星の核の直径は2.1 kmと推定されており，ヘール・ボップ彗星との比較から求めた紫金山・アトラス彗星の2.4 kmと比べても大きな矛盾はない．そうであれば，この彗星の最大光度は十分に0等以上になると予測できる．さらに，百武彗星はガスの比率が高かったが，一般的な彗星程度に紫金山・アトラス彗星がダストを放出するなら，より明るくなる可能性もある．

3 光度の観測と測定方法

ここまで述べた光度式のパラメータm_0とnは，光度観測から統計的に決定される．実際の光度観測による等級の求め方には，さまざまな方法がある．最も歴史が長く今も盛んな眼視観測，20世紀に行われていた写真測光や光電測光，そして現在主流なのがCCDやCMOSカメラなどのデジタル画像を用いる方法だ．いずれの方法も，基準となる恒星と彗星の明るさを比較して，等級を決定するという流れに変わりはない．ここでは眼視観測とデジタル画像による測光観測を紹介する．

(1) 眼視観測

観測する彗星の明るさに応じて双眼鏡か望遠鏡

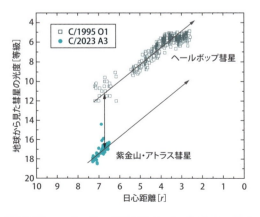

【図4-17】ヘール・ボップ彗星C/1995 O1（Hale-Bopp）と紫金山・アトラス彗星C/2023 A3（Tsuchinshan-ATLAS）の遠方での光度変化

を用意する．変光星を除いた周囲の恒星（比較星）と彗星を見比べる方法なので，視野が広い低倍率の方が観測しやすい．

基本は彗星と比較星を見比べて，どちらが明るいのか暗いのか，できるだけ複数の組み合わせで目測することだ．

比例法は，比較星2星と彗星の明るさが，例えば10段階評価でどこに当てはまるのか記録する．したがって比較星2星と彗星の明るさの差が大きくないほうが正確に目測できる．比較星A＞3：彗星：7＞比較星B，そして比較星Aが7.1等，比較星Bが7.9等とすると，AとBの等級差は0.8等なので，7.1＋0.8×3/10≒7.3となり，彗星の明るさは7.3等級となる．10段階評価以外の場合にも，同様の比例計算を行えばよい．複数の比較星の組み合わせで等級を求め，平均値を採用する．**光階法**は自分が区分できる明るさの最小階調の何段階目なのか目測する．

ただし，彗星は拡散状に見えるので，点像に見える恒星をと比較するため，フォーカスをずらして行う．これには，いくつかの方法がある．

ボブロフニコフの方法（Bobrovnikoff：B法）は，フォーカスをずらしていき，彗星と恒星が同じ大きさに見えるようになった時点で比較する（図4-19）．

シドウィックの方法（Sidgwick：S法）は，フォーカスの合った状態で彗星の大きさとコマの平均の明るさを記憶して，その大きさまで恒星をぼかし，記憶したコマの明るさと比較する（図4-20）．

モーリスの方法（Morris：M法）は，フォーカスをずらしていき，彗星のコマ全体の明るさが均一になった時点の大きさと明るさを記憶し，さらにぼかして，恒星が記憶した彗星の大きさと同じ大きさになった時点で，記憶したコマの明るさと比較する（図4-21）．

観測結果は同じ方法でまとめることが望ましいので，同じ彗星は同じ方法で継続して観測する．

あらかじめ比較星として適した恒星の候補を，彗星の位置と予報光度を考慮して選択しておくとよい．同じ視野に適当な比較星が得られない場

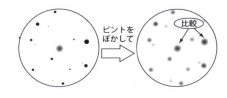

【図4-19】ボブロフニコフの方法

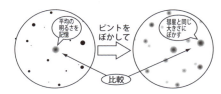

【図4-20】シドウィックの方法

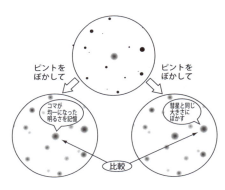

【図4-21】モーリスの方法
（吉本勝巳による図 http://orange.zero.jp/k-yoshimoto/visual/visual.html より）

合には，視野を動かして目測することになるが，明るくなった彗星は太陽に近づいているため，夕方の西の空か明け方の東の空の低い高度に見えることが多く，高度が低いと地球大気の影響を大きく受けるので，視野を動かす際には同じ高度となる水平方向に動かすように配慮する．

比較星の等級は，例えばステラナビゲータ（ver.6以降）などを用いれば，表示されている恒星を選択することでTychoカタログの眼視等級（V等級）を調べることができる．Tychoカタログには，約10等級までの恒星がほとんど網羅されているので，双眼鏡や小型望遠鏡で観測できる彗星の場合に都合がよい．なお，変光星を比較星に使うことはできないので，観測前に確認しておこう．

(2) 撮像による測光観測

電子撮像デバイスに搭載されているCCDやCMOSなどの撮像素子は，入射光量に対する画像の数値の応答性が直線的（リニア）なので，一次処理（p.92参照）を行えば，高精度に等級を決定できる．

天体観測用に設計されている冷却CCDやCMOSが使えればそれに越したことはないが，スマホの画像からでも，等級を決定することは可能だ．重要なのは，センサーやフィルタシステムの特性，そして比較星の選択だ．

測光観測ではモノクロの撮像素子を用いるのが通常で，フィルタシステムとしてはジョンソン・カズンズ（Johnson-Cousins filter system）のU, B, V, Rc, Icの5色が有名だ．対応するカタログの恒星は，各色の等級が記載されている．適合する比較星を選ばなければ，正確な測光はできないので，カタログの選択は重要だ．よく使われている主な標準星カタログを別にまとめる（p.146参照）．

近年，その標準星カタログに変革がもたらされている．Gaia DR3のフィルタシステムを考慮して変換された合成RGB等級カタログの公開だ．

https://guaix.fis.ucm.es/~ncl/rgbphot/gaia/

全天で2億1,300万星という膨大な恒星が使えるようになった．一般に普及しているカラーCMOSのワンショットで，フィルタを使わずに3色同時測光が可能になるというアイデアである．本稿執筆中には，Aladin（p.67参照）から使えるようになり便利になった（図4-22）．

彗星に関して言えば，一般的なカラーCMOSのRGB分光感度特性（p.73参照）は，RバンドではNH$_2$が混じるものの比較的ガス輝線は少ないので相対的にダスト連続光が強く，Gバンドではコマが緑色に写る原因であるC$_2$ガス輝線が強く，BバンドではC$_2$の他C$_3$やCN成分の画像がワンショットで得られることが期待される．RGB測光や構造の解析は今後の面白いテーマになるだろう．

画像の保存フォーマットは，天体観測画像の標準となっているFITS形式（p.70参照）が望ましい．デジカメはRAWデータを取得して，後からFITSに変換する（p.65参照）．

変光星などの測光を行う場合は，画素ごとの感度ムラの影響をより少なくしたり，明るい恒星の光が飽和してしまうことを防ぐため，フォーカスをずらして撮像する場合が多い．しかし，彗星の場合は形状や微細構造も捨てがたい．フォーカスは合わせたままで，測定の際に飽和している恒星を使わないようにするのがよいだろう．

観測時には，ダーク画像と，フラット画像，そしてフラット画像用のダーク画像も取得しておく（p.92参照）．これらの補正用画像の良し悪しが測光精度を左右するので，普段からテスト撮像を積み重ねて，観測時のスタイルを確立しておくことが望ましい．とりわけ彗星の観測は，低空で時間との勝負になることが多いので，撮像手順をよくマスターしておこう．

(3) デジタル画像の測光

まずは，彗星の光度測定に用いられているソフトウェアの世界的なシェアの推移をグラフにしておくので，選択の参考にしてほしい（図4-23）．ここでは，国立天文台から無償で提供されている画像解析ソフトウェア，マカリィ（図4-24）を例にあげて測光の手順を紹介する．

測光のメニューを見ると，円環や矩形の一定の範囲内の輝度の値を積算し，総カウント値を表示する機能がある．彗星の全光度を測る場合，円環の範囲を測定する開口測光（Aperture Photometry）を用いるとよい．ただし，核近傍の微細構造やテイルの根元の構造などが見られる場合，あるいは彗星追尾による撮像で恒星が長く線

【図4-22】Gaia合成RGB星表データをAladin Liteで星図にした例（ポンス・ブルックス彗星 12P/Pons-Brooksの2023年10月6日の位置）

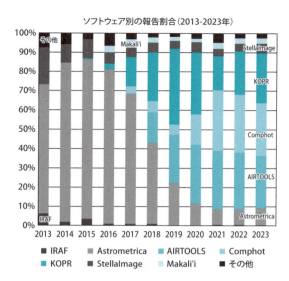

【図4-23】彗星光度観測データベースCOBSに報告された測定ソフトウェアの最近11年間の推移（10%弱の日本からの報告はStellaImageとMakali`iに占められている）

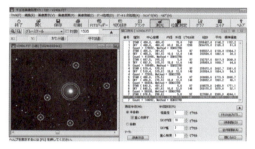

【図4-24】マカリィの測光画面

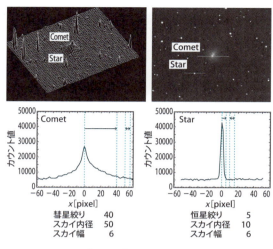

【図4-25】測光の概念図

に伸びている場合など，円環ではないほうが良い結果が得られることがある．

測光する円環，スカイの円環の設定は，図4-25のようになる．「重心を探す」，「自動」にクリックを入れておけば自動的に最も明るいところを検出して，そこを中心に円環を設定して測定してくれる．ただし，円環のサイズやスカイ位置の妥当性は，マカリィのグラフ機能を用いて確かめておくほうがよい．独自の円環サイズなどを指定する場合には，「半自動」にして，最適化した値を用いる．これは，彗星のコマのどの範囲までを全光度として捉えるかという問題でもある．

特に，彗星のテイルや恒星の影響を受けるような円環サイズ，位置になるようなときは，彗星から少し離れた空の部分を測定しておく．通常でも，彗星を自動モードで測光すると，スカイ位置

が恒星の測光と同様になり，コマの影響のある部分が含まれることがある．

測光データは，「テキスト出力」により，表計算ソフトで読み込めるCSV形式（カンマ区切りのテキストファイル）に保存できる．スカイを引いた総カウント値がわかれば，彗星の等級をM_c，比較星の等級をM_s，彗星のカウント値をI_c，比較星のカウント値をI_sとすると，次の式で求められる．

$$M_c = M_s + 2.5 \cdot \log_{10}(I_s/I_c)$$

4 大気吸収の補正

比較星の高度が彗星と異なる場合には大気吸収の補正を行う必要がある．その詳細は次のサイトが参考になる．

http://www.icq.eps.harvard.edu/ICQExtinct.html

必要な概略を紹介しておくと，まず大気量（Airmass）を求める．大気量は，天体がある高度のとき，その方向（視線方向）の空気の光学的な総量を意味する．天頂方向を1.0として表した大気圏中の距離の比率となる．単純に，大気の成分や密度が全て一様で，地表が平面と仮定すると，大気量Xは天頂距離z（天頂$z=0$，地平線$z=90°$）として，$X=1/\cos z$で求めることができる．しかし，実際には地表は球面であるため，高度が低くなるほど誤差が大きくなる．そこで，次のロー

ゼンベルグ(Rozenberg)の式を使用することが推奨されている．

$$X = 1/\{\cos z + 0.025 \exp(-11 \cdot \cos z)\}$$

地球大気による吸収や散乱の原因を考慮すると，空気分子のレイリー散乱(Rayleigh scattering；p.12参照) A_{ray}，エアロゾル(大気中の浮遊物)の散乱 A_{aer}，オゾン成分による吸収 A_{oz}，観測地の標高を h km として，等級(mag)で表した各減光量は次式で求められる．

$$A_{ray} = 0.1451 \exp(-h/7.996)$$
$$A_{aer} = 0.120 \exp(-h/1.5)$$
$$A_{oz} = 0.016$$

A_{aer} の係数0.120は水蒸気量で変化するため，春季と秋季の典型的な場合を示しており，夏季では0.156，冬季では0.084が用いられている．最終的な吸収量 A はこれらの値の合計となる．

$$A = A_{ray} + A_{aer} + A_{oz} \quad [\text{mag/Airmass}]$$

吸収量は波長によって異なる．上記の式の係数はVバンドの波長域の値である．他のバンドの値を求める場合は，波長間の比で補正する必要があり，その補正係数はBバンドで2.000，Rバンドで0.760，Iバンドで0.272が用いられている．

典型的な大気吸収による減光量は地平高度が低くなるほど大きくなり(図4-26)，低空での観測が多い彗星の場合，この補正が必要になることが多い．

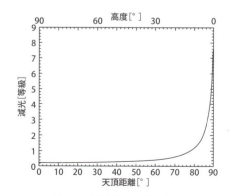

【図4-26】標準的な大気吸収量
(Vバンド，春と秋の場合)

5 観測結果のまとめ方

光度観測データを集計して提供しているWebサイトがCOBS (Comet Observation database https://www.cobs.si/home/)だ．スロベニアのチュルニ・ブルフ天文台(Observatory Črni Vrh)が2010年に開設した．Webインターフェイスで観測報告を登録し，集計されたデータをグラフにするなどの解析ができるほか，必要なデータをAPIでダウンロードして，より詳細な分析を行うこともできる．2024年1月5日時点で，1,571彗星の延べ273,607観測が登録されている．この中にはCOBSの開設以前にICQ (International Comet Quarterly)に報告された観測データも含まれており，観測報告の様式はICQフォーマットが使用されている．

ICQフォーマットは，80列のテキスト形式による様式で，ICQによって1995年に確立された．光度観測が眼視観測から画像測定へとデジタル化をしていくのに合わせて，2002年1月1日から81列以降が追加されて，さまざまな観測の詳細を表現できるようになった(図4-27)．しかし，多様な観測機材や測定方法を網羅的にサポートした結果，かなり複雑なものとなり，近年では測光ソフトウェアからICQフォーマットを直接出力する方式が増えてきた．BAA(British Astronomical Association；英国天文協会)が開発した彗星測光専用ソフトウェア「Comphot」などがその一例だ．それができない場合は表計算ソフトやエディタで記述する．自分の観測や測定方法に合わせたコードの雛形を作っておくとよいだろう．新しい撮像デバイスの登場に対応してコードは増えていくので，詳細はWebを参照してほしい．また，COBSのWebインターフェイスは現在も改良が続けられており，ICQフォーマットをそれほど意識しなくても報告できるようになってきている．

COBSを参照すれば，他の観測者と比較して観測結果を評価することもできるが，観測精度に自信を持てたら，まずは観測者の仮コードを使って

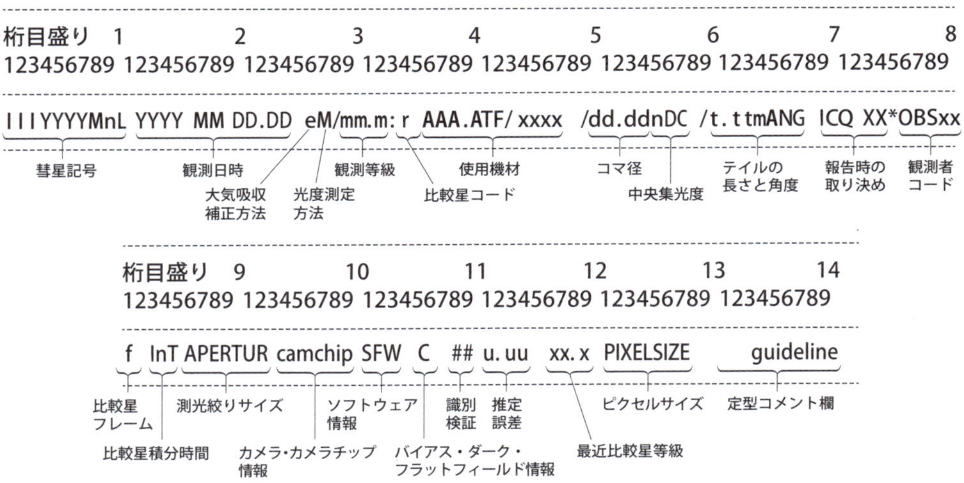

```
桁目盛り      1         2         3         4         5         6         7         8
         123456789 123456789 123456789 123456789 123456789 123456789 123456789 123456789
         IIIYYYYMnL YYYY MM DD.DD  eM/mm.m: r  AAA.ATF/ xxxx  /dd.ddnDC  /t. ttmANG  ICQ  XX*OBSxx
```

- 彗星記号
- 観測日時
- 大気吸収補正方法
- 光度測定方法
- 観測等級
- 使用機材
- 比較星コード
- コマ径
- 中央集光度
- テイルの長さと角度
- 報告時の取り決め
- 観測者コード

```
桁目盛り      9         10        11        12        13        14
         123456789 123456789 123456789 123456789 123456789 123456789
         f InT APERTUR camchip SFW C  ## u. uu  xx. x  PIXELSIZE      guideline
```

- 比較星フレーム
- 比較星積分時間
- 測光絞りサイズ
- カメラ・カメラチップ情報
- ソフトウェア情報
- バイアス・ダーク・フラットフィールド情報
- 識別検証
- 推定誤差
- 最近比較星等級
- ピクセルサイズ
- 定型コメント欄

【図 4-27】ICQ フォーマット
（80 列の様式と 81 列以降が付け加えられた拡張様式．眼視観測は 80 桁，画像測光は拡張様式が使われている）

報告をしてみよう．仮コードはローマ字大文字表記の姓の最初の 3 文字に xx を付け加えたものだ．やがて xx に番号の入った固有の観測者コードが割り当てられて観測データが公開される．

日本国内では，観測報告が ICQ フォーマットなどで電子メールを通じても配信されるので，[comet-obs] などの彗星観測のメーリングリストに参加しておくとよい．また，[Comets-ml] https://groups.io/g/comets-ml などの国際的なメーリングリストもあり，こちらは Web からも閲覧できる．新彗星の出現やアウトバーストなどの突発現象の情報交換が主になっており，注目される現象が起きたときには，観測可能な時間帯の国や地域をつないで最新情報が流れている．

このようにして世界各地の観測者から集められた光度観測は，最終的に光度式や光度曲線のグラフにまとめられ，その彗星の規模や活動状況を把握し，その彗星の今後を予測するために用いられている．また，実際に測定された個々の光度観測の結果は，全般的傾向を示す光度式による光度予報と比較され，彗星の活動度の変化や突発的な増光を察知することに役立つ．さらに光度観測が蓄積されたデータベースは，彗星で起きたさまざまな現象の履歴を調べる際に，活動度の変化を知る貴重な参考情報になっている．

6 光度式の求め方

先に示した彗星の光度式を次のようにして，地心距離を補正した上で，実際に光度式をもとめてみよう．

$$m - 5 \log \Delta = 2.5n \log r + m_0$$

$m - 5\log\Delta$ を y，$2.5n$ を a，$\log r$ を x，m_0 を b とすると，光度式は単純な $y = ax + b$ の一次式の形になっている．したがって，3 回以上の光度観測から最小二乗法を用いて近似を行えば，その彗星に固有の $2.5n$ と m_0 を決定することができる．

最小二乗法は統計計算のパラメータ決定法で，一連の観測の誤差の 2 乗の総和が最小となる値を探す方法だ．表計算ソフトのグラフツールを使えば簡単に計算できる．例えば「Microsoft Excel」では，グラフの挿入で散布図を描いて近似曲線の追加メニューから線形近似を選択する（図 4-28）．

また，専用に開発されたソフトウェアを用いれば，より便利に観測データを整約することができる．「Comet for Windows」は，観測時刻の r や Δ も軌道要素から計算して位置推算表を作

り，光度変化をグラフに表示するところまで全て自動で行ってくれる優れたフリーウェアだ（図4-29）．

http://www.aerith.net/project/comet-j.html

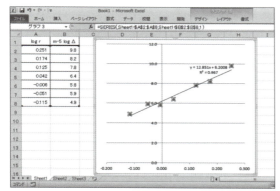

【図4-28】Microsoft Excelで描いた光度式の例
x軸が$\log r$で，y軸が$m - 5\log\Delta$，傾きが$2.5n$で，y切片がm_0に相当する．

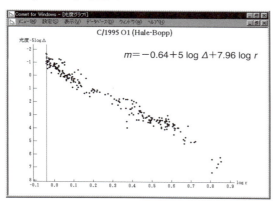

【図4-29】Comet for Windows（吉田誠一）による光度式
ヘール・ボップ彗星の場合

 7　光度の詳細予測

彗星の見かけの明るさには位置関係も影響する．太陽光の前方散乱が強く起こる位置，つまり彗星が太陽と地球の間に入ると，より明るく見える．1861年の大彗星C/1861 J1やマクノート彗星C/2006 P1（McNaught）がその良い例だ．紫金山・アトラス彗星は，2024年10月9日に位相角αが180°（散乱角θは0°）近くになる（p.97参照）．つまり，太陽から見て地球が彗星の真後ろ近くに来るので，前方散乱が強い位置だ．

そこで，光度式にダストの散乱による効果を考えて，さらに詳細な光度予測をしてみよう．散乱角θが与える光度への影響を$S(\theta)$として，光度式に次のように付け加える．

$$m = m_0 + 5\cdot\log(\Delta) + 2.5\cdot n\cdot\log(r) + S(\theta)$$

これは，ダストのミー散乱（p.12参照）による効果なので，粒径パラメータx，ダストの複素屈折率i_1，i_2から，θの関数として図4-30のように計算することができる．

典型的な彗星ダストとして，$x = 1.0$，$x = 10$を選び，その複素屈折率を$i_1 = 1.55$，$i_2 = 0.0001$とすると，500 nmの可視光における散乱光強度は図4-31のようになる．

実際に彗星の光度への寄与を考える場合には，rに依存するダスト生成量$z(r)$を見積もらなければならない．ここでは相対量がわかればよいと考えて$r = 1.0$で生成量をスケーリングし$z(r) = r^{1.5}$で変化するとして見積もってみよう（図4-32）．

この結果，前方散乱によって1等級程度は明るくなることと，放出されるダストのサイズによって効果が異なることがわかる．さらに，この効果を百武彗星の光度式に取り入れて，紫金山・アトラス彗星の光度予測とする（図4-33）．

このように，過去の彗星の観測および散乱による効果を考慮すると，紫金山・アトラス彗星の最大光度は−2等級程度になることが予測される．ただし，本稿執筆時の2023年12月末現在，この彗星はまだ太陽から4.25 auの距離にあり，この距離から近日点（0.39 au）近くの彗星の光度を予測することは難しい．途中で分裂や崩壊することさえあるからだ．順調なら2024年8月には，火星軌道の内側に入り込みH_2Oの昇華が顕著となり，9月下旬には太陽離角が少し広がるので，この予測が正しいかどうか検証されるだろう．

8　光度観測の意義と価値

ここまで見てきたように，彗星の光度変化にはさまざまな要素が，複雑に絡み合っている．「汚れた雪玉」や「凍った泥団子」に例えられてきた彗

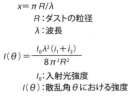

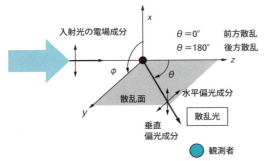

【図 4-30】散乱角 θ における相対的な散乱光強度

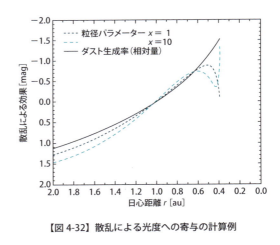

【図 4-32】散乱による光度への寄与の計算例

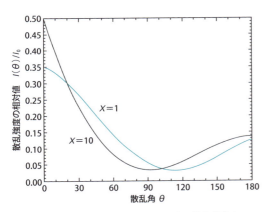

【図 4-31】散乱角 θ における相対的な散乱光強度

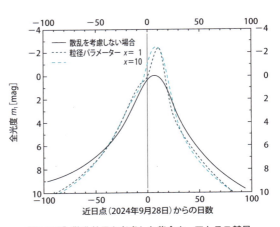

【図 4-33】散乱効果を考慮した紫金山・アトラス彗星の光度予測

星核は，軌道運動によって日心距離が刻々と変化する．その温度変化に応じてさまざまな成分の氷が昇華し，ガスやダストを放出してコマを形成する．この活動度の変化こそが光度変化として表れるのだ．

したがって，活動度の変化に影響する要因は，全てが光度変化に影響している．核の大きさ，形状，自転や歳差などの回転周期，ダストマントルなど核表層の構造やアルベド，活動領域の経緯度や面積，内部の熱伝導率，放出された分子種や分子の反応過程といったさまざまな要因も加わり，極めて複雑なものとなっている．

逆にいえば，正確に求められた光度観測の結果には，彗星を探るうえで重要な，多くの情報が盛り込まれているわけで，さまざまな他の観測結果と組み合わせて参照されることも多い．これらのことから，信頼性の高い正確な光度観測を，軌道上のより多くの位置で行うことが求められている．観測時間帯が限られている彗星も，世界各地の観測データを集めれば，連続的に追跡することが可能になる．COBSや[Comets-ML]のようなアマチュアの国際的な草の根の取り組みが，彗星光度の決定や予報に大きく貢献している．

CHAPTER 4-3 コマの観測

天体が彗星と認められるのは，ぼんやりと広がったコマと呼ばれる星雲状の部分の有無だ．コマの成分はガスとダストである．コマを観測することによって，彗星本体についてのさまざまな情報が得られる．

1 コマの直径

コマの実直径を求めてみよう．装着したレンズの焦点距離 f（mm），カメラのCMOSチップの1ピクセルのサイズ x（μm）とすると，天球上におけるスケール s（°/ピクセル）は，

$$s = \tan^{-1}\left(\frac{x \times 10^{-3}}{f}\right)$$

画像表示ソフトの画面上で，コマ直径が n ピクセルだとすると，コマの視直径 $\phi = s \cdot n$ だ．地心距離 Δ が位置推算表より分かれば，コマの実直径 D（km）は，次のように計算できる（Δ は，天文単位で書かれている）．

$$D = \Delta \times 1.5 \times 10^8 \cdot \tan\phi$$

図4-34の例では，$f = 3297$，$x = 15.04$，$s = 0.0002614$，$n = 60$，$\Phi = 0.1568°$，$\Delta = 0.50894$ であった．これより，$D ≒ 4.1 \times 10^5$（41万）km と求められる．彗星核の直径は10km程度だが，コマはそれよりもはるかに大きいことがわかる．

D の変化を日心距離 r でグラフを作成すれば，彗星の活動の目安が得られる．

図4-35から，太陽に近づくにつれてコマ直径が拡大していくようすがわかる．彗星の活動が盛んになってきたということだ．ところが，さらに太陽に近づくと，コマは小さくなることが知られている．太陽の強い放射圧を受けて，コマをつくるダストは吹き飛ばされ，ガスのコマは光解離が激しくなり，光っている時間（寿命）が短くなるからだ．

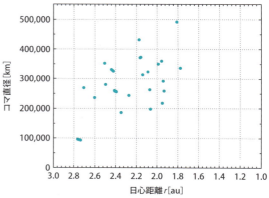

【図4-35】ギャラッド彗星（C/2009 P1）のコマ直径の変化（ICQの彗星観測データベースをもとに作成）

2 コマのプロファイル

画像処理ソフトウェアで表示設定を変えると，画像全体の明るさの変化とともに，彗星のコマの大きさも変化する．輝度の断面のグラフをプロファイルとよび，コマの中心から外側に向かって裾が開いているようになっている．淡い光の裾の部分がどこまで写るかは，背景の空の明るさに関係する．したがって，コマの直径は，プロファイルを描いた上で，空よりも明るい部分と考えることが多い．しかし，裾の部分は空の明るさだけでなく，露光時間，カメラの感度，レンズの明るさ

【図4-34】紫金山彗星（62P）（2024年1月11日 16:30:01（UT））

などに関係する．そこで，統計的に処理するためには，プロファイルから背景の空の明るさを推定し，コマの中心の明るさの半分の明るさ（半値幅）になる裾の位置をコマの直径と定義することも考えられる（図4-36）．

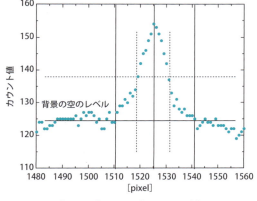

【図4-36】コマのプロファイル例

彗星のコマのプロファイルは，すべての彗星が同じ形ではない（図4-37）．非常にとがったプロファイル(a)もあれば，のっぺりしたもの(b)もある．また，のっぺりしたプロファイルの中央が鋭くとがっているプロファイル(c)も見られる．このような違いは，**中央集光**（Degree of Condensation；DC）という言葉であらわされる．ICQ（p.114参照）では，中央集光が全くないようすをDC＝0，恒星のように点状に近いときをDC＝9とし，10段階で表している．DCの違いは，コマをつくるダストとガスによって説明できる．ダストはガスに比較して質量が大きいため，核から放出された後，すぐには拡散せずに周囲にとどまっている．一方で，ガスは速い速度で拡散していく．地球から彗星までの距離が充分に遠い場合は，この差ははっきりせず，恒星のように鋭くとがったプロファイルとなる．近づくとコマの構造が見えてくるため，ガスが多くのっぺりした彗星や，ダスト放出が絶え間なく起こっている芯のはっきりした彗星の差が出てくるのだ．

③ 波長を変えてコマを見る

RGBカラーカメラで撮像すると，BとGにはガス成分の輝線が多く含まれ，Rにはダストの散乱光がより多くを占める．したがって，RGBのそれぞれのプロファイルを作ると，ガスとダストの分布の違いを大まかに調べることができる．標準測光システム（U，B，V，Rc，Ic）においても同様である．また，等光度線（コントア）を描いてみると，ガスとダストの分布の違いを推定することができる（図4-38）．これらとRcバンドで測定した偏光度を比較してみると，コマからテイルに向かって，偏光度が上昇していくことがわかる．

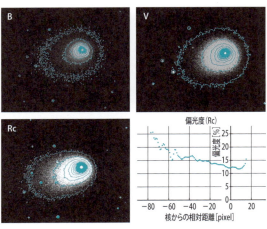

【図4-38】B，V，Rcのコマのコントアマップと偏光度（Rc）
ZTF彗星（C/2022 E3）2022年12月18日撮影

ガスとダストをはっきりと区別して撮像するためには，それに合わせて特別な干渉フィルタ（ナロウバンドフィルタ；narrow band filter）で観測する（p.77参照）．フィルタは，ガスの輝線とその近くのダストの連続光（太陽の反射光）のセットになっている．ガスの輝線の波長にはダストの連

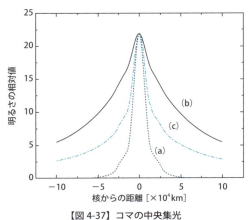

【図4-37】コマの中央集光

続光も含まれるため，それを差し引く必要があるからだ．ダストの連続光の差し引きは，まず，太陽に似た恒星を彗星と同じ高度で，それぞれのフィルタで撮影する．次に，両者の強度比がそれぞれの波長において，彗星の連続光の強度比に等しいと仮定し，その値を求める．さらに，彗星のダストの画像にその比を乗算した結果を，ガスの画像から減算する．図4-39のように．C_2のコントアは，ほぼ同心円状となっている．ガスは，ほぼ等方的に拡散しているのだ．

【図4-39】左　ダスト連続光画像　530 nm 半値幅 10nm
　　　　　右　C_2のみの画像　510 nm 半値幅 20 nm

さらに分光観測から，ダストとC_2のプロファイルを比較してみよう．スリット長辺方向の輝度を求めることにより，空間的な情報が得られる．C_2のプロファイルは，撮像観測と同様な考え方を用いて連続光を減算する．強度の対数をとったグラフを作ると，コマ中心から，ほぼ直線的に減少していることがわかる（図4-40）．また，その傾きは，ダストの方が大きく，C_2は緩やかである．これらは，どのような過程で，ダストとガスのコマが形成されるかということを示しているのだろうか．

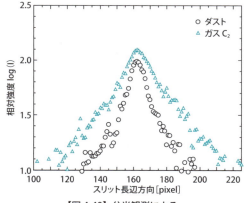

【図4-40】分光観測による，
ダストとガス（C_2）のプロファイル

4　ガスのコマ

(1) 氷の昇華量

彗星コマの成分は，太陽からの距離によって変化する．彗星の氷のほとんどを占めるH_2Oは，核表面温度Tが150 K程度よりも高温にならないと昇華しない．したがって，太陽から遠い場合には，H_2Oはほとんど昇華せず，揮発性の高いCOなどが彗星コマを支配している．Tは太陽からの距離rに強く依存するが，昇華によってTが低下する効果が重なってくる．これは，蒸発平衡とよばれる関係だ．太陽定数S_c，可視光域のアルベドA_{vis}，赤外域のアルベドA_{ir}とし，彗星核表面において，自転軸に対して活動的な領域がどの緯度にあるかを$<\cos\theta>$で表しておく．氷の蒸発率$Z(T)$，蒸発による潜熱$L(T)$，ステファン-ボルツマン定数σとすると，次のような関係が成り立つ．

$$\left\{\frac{(1-A_{vis})S_c}{r^2}\right\} <\cos\theta>$$
$$= (1-A_{ir})\sigma T^4 + Z(T)L(T)$$

$$L(T) = 12420 - 4.8\cdot T$$

A_{vis}, A_{ir}は，0.05〜0.10程度である．彗星核が高速に自転し，一様に加熱されている場合は，$<\cos\theta>=0.25$，活動領域が赤道直下にあるときは，$<\cos\theta>=1.0$である．このときのTを蒸発平衡温度とよぶ．$Z(T)$は，分子量m，平衡蒸気圧$p(T)$，およびボルツマン定数kを使って次のように書ける．

$$mZ(T) = p(T)\sqrt{\frac{m}{2\pi kT}}$$

$$\log(p) = \frac{-2445.5646}{T} + 8.2312\cdot\log(T)$$
$$-0.01677006\cdot T + 1.20514$$
$$\times 10^{-5}\cdot T^2 - 6.757169$$

氷の種類によって$p(T)$，および$L(T)$は異なる．CO, CO_2，およびCH_4のような超揮発性分子の

氷は，かなり遠方でもコマを形成することができる．ところが，木星族短周期彗星などでは，このような氷は失われていると考えられている．また，何度も太陽に接近すると，mmサイズ以上のダストが核表面に落下・集積してダストマントルが発達し，氷の蒸発を妨げることがある．

核直径Dと活動領域の割合aを推定すれば，彗星核からの総放出量Q_{vp}が求められる．aは0.1前後が一般的である．

$$Q_{vp} = Z(T) \cdot 4\pi \left(\frac{D}{2}\right)^2 a$$

光度観測からQ_{vp}を推定するニューバーンの経験式も知られている．これは，眼視観測結果を物理的な量に関連づける際に使われる．一般に，実視光度m_vとよばれる光度の内訳は，ダストの反射光とC_2からの光である．太陽の光度M，典型的なダストとガスの比b，C_2の蛍光効率g，および1.0 auにおけるC_2の寿命τ_{C_2}としたとき，水の氷の蒸発率Q_{H_2O}は，次のような式で求められる．

$$Q_{H_2O}(m_v) = \frac{1}{2}\sqrt{\left\{\frac{10^{0.4(M-m_v)}}{\tau_{C_2}(1-br^n)g}\right\}} \times 1.4968 \times 10^8$$

彗星ごとにダストとガスの比は異なり，$b = 0.03 \sim 0.5$という広範囲な値となるが，平均的には1 au付近で，$b = 0.1$程度だ．

(2) ガスの発光機構

核表面から昇華したガスの中には，C_2, CNなどの化学的に飽和していない不安定で活性度の高い「ラジカル」とよばれる原子団が存在する．これらが，太陽光を受けて共鳴散乱を起こすと，ガスの発光が観測される．

原子の中心には陽子と中性子からなる原子核があり，そのまわりを電子が回っている．電子がとりうる軌道はエネルギー的に決まっていて，その値をエネルギー準位という．通常はエネルギー準位の低い内側の軌道から順に電子が配置されており，基底状態とよばれる．電子に光があたりエネルギーを得ると，よりエネルギー準位の高い軌道に移る．このことを励起とよぶ．各軌道間のエネルギー差は決まっているため，電子は特定波長の光だけを吸収することになる．ところが，励起状態にある電子は不安定で，エネルギーを放出して基底状態に戻ろうとする性質がある（図4-41）．このとき，励起時と等しい波長の発光が起こる．原子がエネルギー準位の異なる状態に移ることを遷移とよび，遷移に伴う光の吸収・放出過程を**共鳴散乱**という．

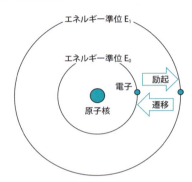

【図4-41】励起と遷移

ラジカルの場合も共鳴散乱が起こるが，電子遷移に加えて，原子間の距離がバネのように伸び縮みする伸縮的な振動，およびラジカル全体として回転が加わる．NH_2のような3原子ラジカルでは，変形振動，対称・非対称伸縮振動，一部分だけの回転が起こる．

ここでは，可視域で観測されやすいC_2とCNについて考える．振動エネルギー準位も決まった値しかとらないが，電子励起に比べるとその差は小さく，分布も密となっている．準位は低い方から$v = 0, 1, 2, \ldots$と番号がつけられ，そのエネルギー間隔はほぼ一定である（図4-42）．各電子エネルギー準位の番号は振動量子数とよばれ，番号が大きいほど振動エネルギーが大きくなることを示している．回転エネルギーの差は，これらよりかなり小さい．励起状態から基底状態に戻る際に放出される光は少しずつ波長が異なり，多くの輝線スペクトルが集まったスペクトルとなる．このようなスペクトルはある程度の幅をもち，バンドスペクトルとよばれる．

C_2のスペクトルの中でも，スワンバンド（Swan

band)とよばれる4つのバンドは，可視域に強く現れる．$\Delta v=0$（510 nm付近）が最も強く，両側に離れるほど弱いバンドになる．Δvは遷移前後の振動量子数の差で，励起状態の$v=1$から基底状態の$v=2$へ遷移すれば$\Delta v=+1$だ．振動エネルギー準位の間隔はほぼ一定であるから，Δvが同じ遷移なら放出されるエネルギーもほぼ一定になる．特に振動準位が変化せずに遷移した場合が$\Delta v=0$で，遷移確率が最大であるため最も強いバンドとして観測される（p.31，図2-33参照）．

CNは，コマ形成が始まる3 au付近で最初に見えてくるバンドスペクトルだ．2種の電子遷移によるバンドが顕著で，356〜422 nmに現れる．特に，$\Delta v=0$（385 nm付近）は，鋭いピークとして観測される．

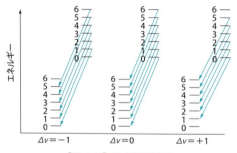

【図4-42】C_2の振動遷移

コマ内では，原子，ラジカル，および分子のさまざまな反応が起こっている．分子が光を受けて2個，またはそれ以上の原子，ラジカル，および分子に解離する（光解離）．光を受けて電子がたたき出される（光電離）．中性分子とイオンが衝突して電荷を交換する（イオン交換反応）．その他に，分子，ラジカル，原子，イオン，電子などの粒子が衝突すると，原子交換，電荷交換，解離反応などの反応が起こる．

(3) コマの明るさ分布

まず，ラジカルの寿命がきわめて長い場合を考えてみる．この場合は，ただ単純にガスが等方向に膨張するだけであり，ラジカルの生成率Q，膨張速度vを一定と仮定して，核からの距離rにおいて，あるラジカルの空間密度$n(r)$個/cm^{3}は，

$$n(r) = \frac{Q}{4\pi v r^2}$$

つまり，彗星核からの距離が大きくなるとガスのコマは暗くなるということだ．しかしこれは，ラジカルが壊れないという仮定だ．ラジカルには，光解離による寿命がある．彗星核から昇華したラジカルが，寿命τ（秒）で彗星核から離れるにしたがって崩壊し，急激に空間密度が減る．光解離は確率過程であり，t秒後には初期状態で$n(t=0)$個だったラジカルは，次のように減少していく．

$$n(t) = n(0) \cdot e^{-\frac{\tau}{t}}$$

その結果，彗星核からr離れた位置でのラジカルの密度は，次のようになる．

$$n(r) = \left(\frac{Q}{4\pi v r^2}\right) e^{-\frac{r}{\tau v}}$$

ラジカルが寿命までに進む典型的な距離である$\tau \cdot v$はスケール長とよばれる．ラジカルの発光強度は，コマ全体に含まれるラジカルの数をN個，その蛍光効率g，寿命をτとすれば，$N=Q\cdot\tau$であるから，コマ全体の輝度Lは次のようになる．

$$L = Q \cdot \tau \cdot g$$

つまり，観測によってLを求め，τがわかっていれば，ラジカルの生成率Qを求めることができる．表4-1，表4-2に，$r=1.0$ auにおけるg，τの値を載せておく．

彗星で観測されるラジカルは，実は彗星核から直接昇華したわけではない．彗星核から直接昇華した「親分子」から，光解離で壊れてできた「娘分子」が，CN，C_2であると考えられている（図4-43）．この娘分子は，さらにある時間の後には光解離で壊れてしまう．このようなモデルの代表

【表4-1】代表的なラジカルの蛍光効率g［W/分子］
(A'Hearn et al. 1995)

CN	2.98×10^{-20}
C_2	3.28×10^{-20}
C_3	7.28×10^{-20}
NH	6.42×10^{-21}
OH	1.89×10^{-22}

1.17 auにおけるタイバー彗星（C/1996 Q1）の観測

【表4-2】代表的なラジカルの寿命 τ [秒]（COMETS II より）

	太陽活動極小期	極大期
H_2O	8.3×10^4	4.5×10^4
OH	5.0×10^4	2.9×10^4
C_2	1.0×10^6	4.2×10^5
HCN	7.7×10^4	3.1×10^4
CN	3.1×10^5	1.4×10^5
NH_3	5.6×10^3	5.0×10^3
NH_2	4.8×10^5	2.9×10^5

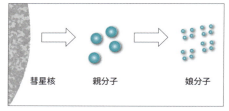

【図4-43】コマ分子の生成過程

が「ハザーモデル（Haser model）」である．コマのプロファイル観測にハザーモデルを適用させた例を示す（図4-44）．太陽に近いとスケール長が短くなり，プロファイルの傾きが急になる．このモデルは，親分子の種類の特定などに利用される．

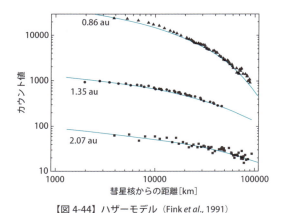

【図4-44】ハザーモデル（Fink et al., 1991）

ガスの速度は，彗星核から昇華した直後から増加し，ある程度のところで終端速度に達する．太陽から1.0 au程度の距離にある場合には，およそ1 km/秒だ．ガスのコマは，ガス同士が頻繁に衝突を起こす内側の領域と，ガス同士がほとんど衝突しない外側の領域とで大きく振る舞いが変わってくる．特にコマを構成するラジカル，分子，原子，およびイオンの相互衝突は，複雑な化学反応を引き起こしている．また，太陽からの紫外線による光解離反応によって次第に壊れてゆく．さらに，化学反応や光解離反応後は，反応前にもっていた速度とは異なる速度をもつことが多く，ガスの温度分布にも大きな影響を与えている．

CN，C_2には，彗星核から放出された非常に細かな有機物粒子からの生成過程も確認されている．このような過程から生成されたラジカルは，コマ内において，スパイラルジェット状に分布することがわかっている（図4-45）．

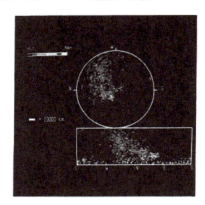

【図4-45】C_2ジェットの検出
上：核を中心とした極座標の画像
下：核の周囲の展開図（Suzuki et al. 1990）

5 ダストのコマ

(1) ダストの運動

ダストは，膨張するガス流によって加速される．彗星核から遠く離れてガスやダストの空間密度が下がると，加速は小さくなり，ダストの速度は終端速度となる．その後，ダストは太陽放射圧の影響をうけてダストテイルを形成する．ダストの加速および終端速度は，彗星核からのガスの昇華量に依存する．

彗星コマ中のダストのサイズは，小さいものは0.01 μmから大きいものではcmサイズまであると考えられる．大きく重いダストほどガスの影響を受けにくく，小さくて軽いダストは加速される．したがって，小さなダストほど大きな終端速度になり，ほぼガスの終端速度まで加速される．可視光で太陽光を効率的に反射することのできるダストのサイズは0.1～数μm程度で，これらのダス

トが得る終端速度はおよそ数百m/秒だ．核から数千km離れた距離においては，10 km程度の彗星核の重力は，ガスとの相互作用と比較して弱いため，ほとんど無視できる．彗星核を中心とした太陽方向を固定した座標で見れば，ダストは終端速度で四方に広がっていくことになる．一定速度で中心から離れていくダストは，太陽から力（光圧）を受けるので，太陽方向に向かったダストもある距離で方向転換して反太陽方向に飛ばされることになる．太陽方向に向かったダストは，数万km程度まで核から離れると考えられる．

(2) ダストの放出量

同じ画像でも円環（アパーチャ）を変えて測光すると，異なった等級になる（図4-46）．また，地心距離 Δ によって，見かけのコマのサイズは変化する．さらに，観測機器，背景光の明るさ，露光時間によって撮像されたコマのサイズは異なってくる．彗星活動の指標として用いられる全光度は，どのようなサイズのコマを測定するべきであろうか．

ダストコマが球対称で，一定の流出速度をもち，ガスとの衝突などを考慮しないと仮定する．ダストのアルベド A，観測された視野内におけるダストの総断面積（充填率）f，およびダストコマの半径（測定アパーチャ半径）ρ とし，その積 $Af\rho$ を定義する．この値は，観測条件・機器によらず，ほぼ一定の値になる．これは，視線方向のダストの柱密度は，$1/\rho$ に低下するが，観測視野は ρ^2 で拡大することを示したものだ．$Af\rho$ の単位は距離（たとえばcm）である．

ダストの平均半径 d，視野内に含まれるダストの個数 num とすると，明るさ L，f，および $Af\rho$ の関係（図4-47）は，次のように書ける．

$$L = A \cdot d^2 \cdot num$$

$$f = \frac{d^2 \cdot num}{\rho^2}$$

$$Af\rho = A \frac{d^2 \cdot num}{\rho^2} \rho$$

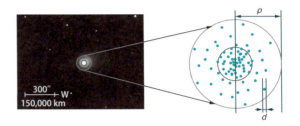

【図4-47】撮像画像と ρ，d の模式図
（ダストのサイズは誇張して描いてある）

実際の観測に適用してみよう．A'Hearn et al. (1984)によると，観測された彗星のRバンド等級 m と太陽の等級 M（−27.15）と比較することによって $Af\rho$（cm）が求められる．日心距離 r（au），地心距離 Δ（au），アパーチャ ρ（″）を用いると次の式となる．

$$Af\rho = 1.234 \times 10^{19} \frac{r^2 \Delta}{p} \times 10^{0.4 \, (M-m)}$$

図4-46の画像は，2023年1月12日に撮像されたZTF（C/2022 E3）であり，近日点の1日前のものである．彗星の位置は，$r = 1.112244$，$\Delta = 0.73523$ であった．この値を用いて，$Af\rho$ を求めてみると，アパーチャ半径によらず，$Af\rho$ は，約1700 cmである（図4-48）．

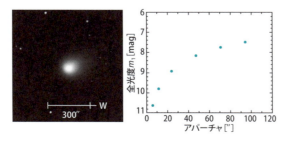

【図4-46】アパーチャサイズを変えた測光
C/2022 E3（ZTF）V-band

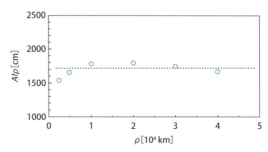

【図4-48】ρ に対する $Af\rho$ C/2022 E3（ZTF）

$Af\rho$ は単純化したモデルであり，厳密にはミー散乱のサイズ依存性と散乱角 θ の影響，およびサイズ分布の関数になる．彗星ごとに異なるダストとガスの比についても注意を払わなければならない．

$Af\rho$ の値は，核が大きく，活動の活発な彗星ほど大きくなる．絶対等級 H_0，彗星活動のパラメータ n と，近日点における $Af\rho$ の例を表4-3に示す．

【表4-3】代表的な彗星の $Af\rho$（近日点）の例
（Betzler et.al., MNRAS 526, 246–262, 2023 を参考に作成）

彗星名	H_0	n	$Af\rho$
2P	12.4	4.1	190
9P	9.1	6.7	193
29P	8.8	0.5	2631
67P	9.9	5.9	354
C/2012 X1	4.8	5.0	8486
C/2013 R1	8.5	5.0	8977
C/2014 S2	2.8	8.0	9636
C/2014 Q2	6.4	7.3	19243
C/2015 Q1	5.7	3.5	1615
C/2016 M1	6.2	3.2	1554
C/2016 N6	6.6	3.5	1401
C/2016 R2	8.0	2.4	1261

$Af\rho$ が彗星の活動のパラメータ，つまりダスト放出量と考え，r に対する変化を調べてみると次のようになる（図4-49）．

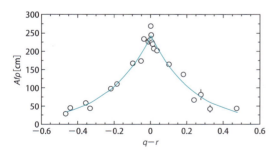

【図4-49】 近日点距離 q を基点とした日心距離 r に対する $Af\rho$ の変化 154P/Brewington
（Betzler et.al., MNRAS 526, 246–262, 2023）

(3) ダストコマの偏光観測

ダストを力学的な面からとらえる方法とは別に，偏光観測によってダストの物理的性質を調べることができる．

NASAの彗星偏光度のデータベースに，今までの観測がまとめられている．これにレナード彗星 C/2021 A1 (Leonard) の結果を加えたものを図4-50に示す．彗星には高偏光度を示すものと，低偏光度を示すタイプが知られている．この彗星は，後者であることがわかる．幅広い位相角での観測ができると，彗星ダストの物理的特性が見えてくる．

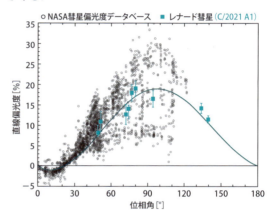

【図4-50】さまざまな彗星の位相角と偏光度
NASA 偏光度データベース（https://data.nasa.gov/Earth-Science/DATABASE-OF-COMET-POLARIMETRY-V1-0/xdyf-936n/data）

彗星の位相角 α による偏光度 P_α の変化は，次のような式で表される．

$$P_\alpha = b(\sin \alpha)^{C_1}(\cos 0.5\alpha)^{C_2}\sin(\alpha - \alpha_0)$$

レナード彗星の観測では，$C_1 = 0.79$, $C_2 = 0.24$, $b = 21.7$, $\alpha_0 = 22.0$ となり，位相角 $98.0°$ の際に最大偏光度 18.9% となった．また，このときの α_0 における傾き h は，0.31 であった．さらに，h と幾何学的アルベド P_v との関係は次の関係式で表される（Gehrel 1974）．

$$\log p_v = C_3 \log h + C_4$$

$C_3 = -1.207$，$C_4 = -1.892$ を用いると，P_v は，0.052 と求められ，これは一般的な彗星アルベドの 0.049 ± 0.020 に近い値だ．

核近傍の観測

彗星核の直接的な観測は難しい．明るくなるころには放出されたガスやダストでベールのように覆われてしまうからだ．それでも核近傍で起こるさまざまな現象を観測することで，自転軸の方向や自転周期などの核の状態を推定できる．

核近傍現象

彗星核近傍に見られることのある構造の一つ，ジェットは，中央集光部から周囲に向かって筋状に伸びる構造がさまざまな形を描いている．こうしたジェットの根元にあたる核表面部分のことを活動領域とよぶ．活動領域が核の全表面に占める割合は彗星によって異なるが，一般的には数%から10%程度と非常に狭い．このような活動領域が，核表面のどこにあるのか，どの程度の強さのジェットを噴き出すのかによって，彗星軌道の非重力効果（p.22参照）の働きかたが変わってくる．

核表面の不均一性に由来する構造を，核近傍現象とよぶ．これはコマの中でも内側の核に近い部分に見られる不均一性だ．活動領域から噴き出したジェットが，まっすぐに見えたり，円錐（コーン）状，扇（ファン）型，あるいは渦巻き（スパイラル）構造などに見えたりする（図4-51）．核そのものの観測は難しいが，こうした現象を観測することで彗星核の状態を推定することができる．

19世紀から，望遠鏡を用いた100倍以上の高倍率で，眼視によるスケッチが行われてきた（図4-52）．現在では，デジタル撮像で彗星のコマを拡大撮影し，画像を強調処理することで，さまざまな構造が客観的に得られる．ジェットの構造をあぶりだすには，中央集光部を中心に回転方向の差分をとるローテーショナル・グラディエントやラーソン・セカニナ・フィルタと呼ばれるデジタル処理が有効だ（図4-53）．ローテーショナル・グラディエントはステライメージ（p.65参照）に，ラーソン・セカニナ・フィルタはAstroart（p.64参照）に搭載されているので，核近傍の撮像をしたら，

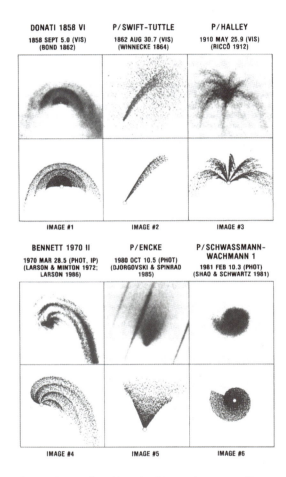

【図4-51】さまざまな彗星で観測されたジェットの形状とシミュレーションの比較（Sekanina, Z., Cometary Activity, Discrete Outgassing Areas, and Dust-Jet Formation, *International Astronomical Union Colloquium*, Volume 116, Issue 2: Comets in the Post-Halley Era, 1991, pp. 769-823）

回転角度を調整しながら試してみよう．

専用のデジタル・フィルタが搭載されていない天文用以外の画像処理ソフトウェアでも，原理を知れば同様の結果を得られる．例えばローテーショナル・グラディエントなら，彗星核位置を中心にしたオリジナル画像をコピーし，5〜20°ほど同じ角度で左右両方向に回転させた画像を作

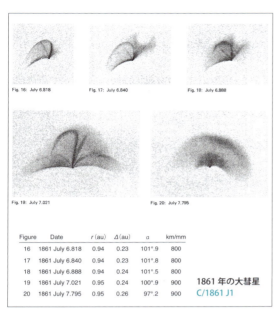

【図4-52】19世紀の高倍率核近傍スケッチの例
(Rahe, J., Donn, B. and Wurm, K., Atlas of cometary forms, Structures near the nucleus, NASA SP-198, 1969 より改変)

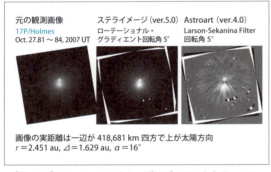

【図4-53】ローテーショナル・グラディエントとラーソン・セカニナ・フィルタによるジェットの強調処理の例
(2007年10月27.82日UTのホームズ彗星 17P/Holmes)

2 活動領域と核近傍現象の関係

　活動領域は太陽が当たらなくなるとジェットを噴かなくなり，自転によって再び朝を迎えると，ジェットを噴き始めるようになる．地球でも正午より午後の方で気温が高くなるように，自転によるサーマル・ラグ（熱遅延）を生じることもある．太陽直下点の経度から遅れた活動地点の経度差のことをサーマル・ラグ・アングル（熱遅延角）という．自転速度によっては，ジェットの方向に影響する．また，同じようなジェットでも，活動領域の場所（特に自転を考えたときの緯度）によって，見えかたが異なる．赤道付近のジェットは自転とともに渦巻き模様を描き，高緯度のジェットは，自転速度が速い場合は円錐状となる．さらにヘール・ボップ彗星 C/1995 O1（Hale-Bopp）のように自転周期が非常に短く，激しいジェット源があるときには，幾重にも取り巻いた同心円状の構造をつくる（図4-54）．こうした模様は，核の自転周期や，自転軸の向きと視線方向の幾何学的関係などで，見えかたが大きく変わってくる．核近傍現象の観測は，彗星核のさまざまな物理量を導くうえで大変重要だ．

る．オリジナル画像から加算か乗算で明るさのレベルを上げた画像も作り，その画像から左右回転させた画像をそれぞれ減算して，できた左右回転差分の2つの画像を加算すればできあがる．回転する角度とレベルをあげる割合によって，ノイズが増えたり偽りの模様がでたりするので，試行錯誤しながらジェットがわかりやすくなるまで繰り返す．原理を理解することは大切だが，手間を考えれば天文用ソフトウェアを利用した方がよいだろう．天文用ソフトウェアでも角度を変えて再現を確認するなど，偽りの模様には注意をしたい．

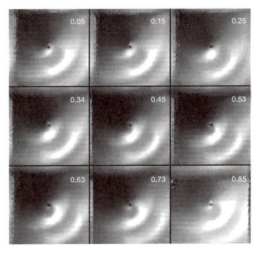

【図4-54】ヘール・ボップ彗星の核近傍構造
(Michel C. Festou, H. Uwe Keller, Harold A. Weaver Jr., Eds., *COMETS II*, The University of Arizona Press, 2004)

3 彗星核の自転周期

核の自転周期を知るには，核近傍現象を観測するか，なるべく太陽から遠方でコマのないとき（裸の核）をねらって測光観測を行う．前者では，ジェットの形状の時間変化など周期的な変動が捉えられると，それは自転周期に対応する場合が多い．また，後者では，球形の核でなければ変光する（図4-55）ので，その周期は自転周期を反映する．短いものは数時間程度，長いものだと数日から数十日まである．彗星の自転周期は，地球の観測時刻や観測期間の都合によらないので，周期全体を捉えることは難しい．しかし断片的なデータでも周期解析を行って推定することは可能だ．ダストテイルのシンクロニックバンドから自転周期が示唆された例もある（p.28参照）．

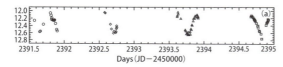

【図4-55】測光による自転周期の観測の例．ネウィミン第1彗星 28P/Neujmin（Michel C. Festou, H. Uwe Keller, Harold A. Weaver Jr., Eds., *COMETS II*, The University of Arizona Press, 2004）

4 自転軸の方向

自転軸の方向は，核近傍のジェットの変化や形状から推定する．この本の改訂が始まった2023年は，ポンス・ブルックス彗星 12P/Pons-Brooks が繰り返しアウトバーストを起こし，さまざまな核近傍現象が見られた．その形状から核の自転軸や活動領域を求めた具体的な推定方法で説明する．

ポンス・ブルックス彗星はハレー型（p.22参照）で，軌道傾斜角は74°と黄道面に立っており，北側に遠日点をもつ（図4-56）．周期は71年だ．2024年4月21.14日に近日点を通過する今回の回帰では，2020年6月10日にローエル天文台で22.8等級の明るさで検出された．その後，接近するにつれて順調に明るくなっていたが，2023年7月20日頃にアウトバーストを起こし，16等級から11等級に一気に明るくなった（図4-57）．バースト後は核近傍にさまざまな構造が見られ，8月から9月にかけて構造の特徴を保ったまま，徐々に広がっていくようすが捉えられた（図4-58，図4-59，口絵参照）．

とりわけ興味深かったのは，北側に見られたU字型の切れ込みがO字型に変化していくようすだ．どのようにして，この形状が生じたのか，ア

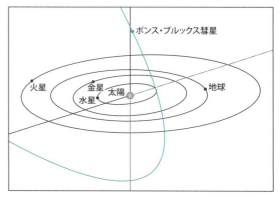

【図4-56】ポンス・ブルックス彗星 12P/Pons-Brooks の軌道
（JPL Horizons Orbit Viewer を参考）

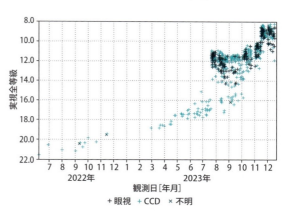

【図4-57】ポンス・ブルックス彗星 12P/Pons-Brooks の光度変化（COBS）
アウトバーストに伴う増光が2023年7月以降に繰り返し見られる．詳細図は図4-16を参照．

【図4-58】ポンス・ブルックス彗星 12P/Pons-Brooks の 2023年7月のアウトバースト
（35.6cm シュミット・カセグレン望遠鏡 3910 mm，渡辺真一 撮影）

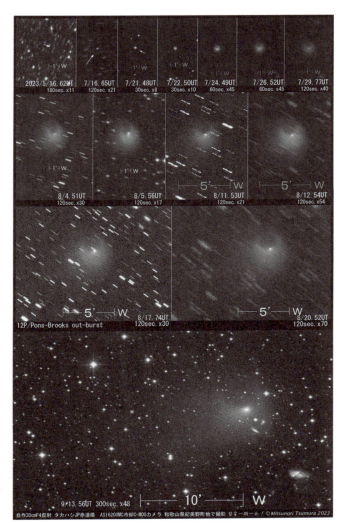

【図4-59】ポンス・ブルックス彗星 12P/Pons-Brooks のアウトバースト
（30 cm 反射望遠鏡 1200 mm，津村光則 撮影）

ウトバーストの継続時間と自転周期の関係により，自転一周分に満たないスパイラルジェットが一部欠損し，それを地球方向から見たモデル（図4-60）を考えた．コマの視直径の測定から求めた拡散速度（図4-61）は207.5±0.1 m/s．これを基にアウトバースト発生時刻を推定すると7月20.39±0.05 UT日となり，それは日心距離3.89 au，地心距離3.57 au，位相角14.9°で，H_2Oのスノーライン（p.33参照）の外側だ．したがって，アウトバーストを駆動したのは，より揮発性の高いCO_2などで，H_2Oは氷ダストとして放出された可能性が高い．

次に画像解析ソフト「マカリィ」を用いてコントアマップ（図4-62）を作成し，その等光度の突出部（尾根にあたる部分）の位置を測定した．当初はモデルに従いU字型の切れ込み（谷底にあたる部分）やO字型の中心の測定を試みたが，その部分は明るさの底が明確ではなく，測定が困難だったので，それを取り囲む明るい尾根の位置（同じコントアの突出部）を測定し，谷底の位置は中間点として，計算から求めた．

その一方で，モデルに基づいて，自転軸の方向と活動領域の緯度，ダスト

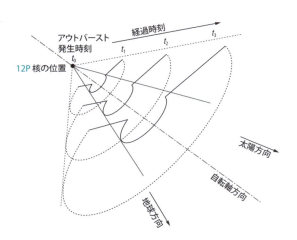

【図4-60】ポンス・ブルックス彗星 12P/Pons-Brooks の一回目のアウトバースト（2023年7月20日）の形状変化を説明するモデル（長谷川均ほか）

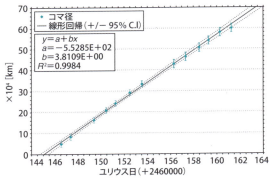

【図4-61】アウトバーストに伴うコマの拡散の測定結果
（長谷川均ほか）

の放出速度とβ（p.134参照）などの各パラメータを少しずつ変更しながらダストの運動を計算し，空間的な分布を求めるモンテカルロ・シミュレーションを行った（図4-63）．その結果を画像測定と比較したところ，一連の形状変化は，暫定的に，自転軸が赤経270°赤緯25°（赤経90°赤緯−25°）方向で，活動領域が緯度60°，放出角度（広がり）20°，放出速度150 km/s，β〜0.1，自転周期0.21日（5時間），放出時間と自転周期の比が3：5の場合に再現できた．

アウトバーストはその後も発生し，2023年10月初旬，11月初旬，中旬，同月末，12月中旬と，2023年末までに6回は報告されている．11月中旬のアウトバーストでは，下旬にかけて複数のジェットが観測されたが，位置角pa.120°（時計の文字盤に例えるなら12時の北方向から反時計回りに8時の方向までの角度）方向に，特徴的な弧を描くジェットが目を引いた（図4-64）．このジェットの形は，放出速度と自転周期の関係によって描かれていることも予想される．アルキメデスの螺旋とよばれる形状だ．それが正しければ，放出速度か自転周期のどちらかがわかれば，もう一方も制約できるという関係になる．

本稿執筆中の2024年2月現在，ポンス・ブルックス彗星 12P/Pons-Brooks は H_2O のスノーラインを越えて，2024年4月21日の近日点通過へ向けて接近しつつある．推定された自転軸のパラメータが正しければ，活動領域が次に太陽光に曝されるのは近日点通過の頃から後になる．他に活動領域がなければ，その頃までアウトバーストは起こりにくく，これまでに観測されてきたアウトバーストの発生傾向と一致している（図4-65）．

このように，直接見ることができない彗星核の自転軸の方向は，核近傍現象を形態学的に解析することで推定できるが，核近傍現象の現れ方は彗星ごとに異なるので，その都度に観測結果から検討をすることになる．

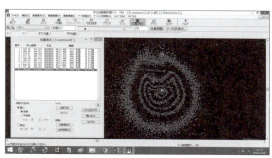

【図4-62】ポンス・ブルックス彗星 12P/Pons-Brooks（2023年7月5日 12:00UT）のコントアによる測定
（長谷川均ほか）

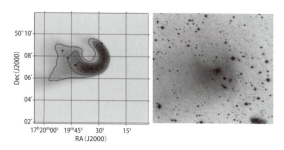

【図4-63】2023年7月20日のアウトバーストで放出されたダストの56日後の空間分布のモデル計算結果（左）と，その日（2023年9月13日）の観測画像（右）との比較．
（長谷川均ほか）

【図4-64】2023年11月中旬のアウトバーストに伴うジェット
（30 cm反射望遠鏡 1200 mm 津村光則 撮影）

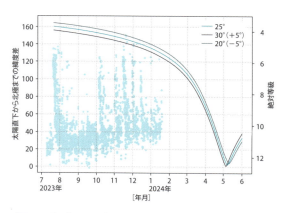

【図4-65】ポンス・ブルックス彗星 12P/Pons-Brooks の自転軸を赤経270°赤緯25°（赤経90°赤緯−25°）方向とした場合の自転軸と太陽方向の角度の変化（3本の線は赤緯が±5°の場合の幅）．
観測された実視等級（図4-16）を絶対等級に変換した値をドットで付記する．この図では，緯度60°の活動領域は半球分の90°を加えた150°の線上となり，アウトバーストを繰り返した時期に太陽直下点の緯度に近いことがわかる（長谷川均ほか）．

5 核表面のアルベド

アルベド(反射能)は入射してくる放射のうち、どれだけが反射されるかの割合だ。核表面のアルベドは、赤外線観測(p.14参照)や偏光観測から推定されるが、一般に非常に低い。0.10を超えるのは、エッジワース・カイパーベルトから内部へ軌道進化している途中とみられるケンタウルス族(p.36参照)のキロン 95P/Chiron くらいで、大半の彗星のアルベドは0.02から0.06までの間だ。たとえば木炭が0.04なので、これはほとんど真っ黒なかたまりといってよい。新雪は0.90近いのに、なぜ氷のかたまりである彗星核のアルベドが、これほど低いのだろうか。

彗星核には、H_2OやCO_2といった揮発性成分のほかに、ダストや有機物がかなり含まれている。その割合は、個々の彗星で異なるが、ガス成分が先に昇華していくと、核の表面に不揮発性の物質が残されていくと考えられる。有機物がダストとともに表面に残されて、それらが堅い殻(ダストマントルまたはシェルという)をつくる。この殻の部分が厚くなると、たとえ下層に熱が伝わったとしても、ガス成分は噴き出しにくくなる。

もう一つ、殻をつくるメカニズムとして、太陽宇宙線などの宇宙線照射があげられる。有機物は宇宙線を浴びると、赤く暗くなる(宇宙風化)。この二つの効果によって、彗星核の殻の部分は非常に暗くなり、全体としてのアルベドが低い値になっていると考えられている。

 ## 6 彗星核の大きさ

彗星核の直接的な観測方法は3通りある。太陽から遠方の裸の核を観測する方法、地球に接近したときに観測する方法、そして探査機による接近観測だ。探査機の観測を除いて、彗星核の大きさの推定は難しい。最近は「Gaia DR3」星表で予報精度の高くなった掩蔽観測(p.50参照)も大いに期待されるが、掩蔽が起きなければ観測できない。

かつては、彗星核の大きさを、明るさは核だけからの反射光(p.109の光度式で$n=2$)と仮定し、アルベドも仮定して、小惑星の場合と同様に求めていた。核の大きさは数百mからせいぜい百kmまでの間になる。典型的なサイズは、推定された微惑星と同じで10 km程度だ。地球に0.1 au(1.5×10^7 km)まで接近した場合の10 kmの彗星核の見かけの大きさdは、$\tan d = 10/15{,}000{,}000$ で$d = 0.13''$となり、地上で観測できる限界(通常は$1''$程度)以下になる。彗星の光度は眼視観測が主だった時代からの伝統で、コマを含む全光度と、核光度に大別されてきた。しかし、核光度は核そのものの反射光ではなく、核近傍のダストの密集部分(中央集光)を含む光度なので、通常の核光度からの計算は当てにならない。

撮像装置によって、赤外線と可視光線による同時観測(p.14参照)を行えば、核の大きさとアルベドを同時に推定することは可能なので、これまでに比較的信頼のおける方法によって得られた彗星核の大きさの一覧を示しておこう(表4-4)。その数は、宇宙機からの赤外線観測により大幅に増えてきている。

【表 4-4】彗星核の大きさとアルベド
(Michel C. Festou, H. Uwe Keller, Harold A. Weaver Jr., Eds., *COMETS II*, The University of Arizona Press, 2004)

彗星名	半径 [km]	アルベド
1P/Halley	7.65× 3.61× 3.61	0.04 ± 0.01
2P/Encke	2.4	0.046 ± 0.023
9P/Tempel 1	2.3	0.05 ± 0.02
19P/Borrelly	4.0 × 1.6 × 1.6	0.03
22P/Kopff	1.8	0.042 ± 0.006
28P/Neujmin 1	9.1	0.026
49P/Arend-Rigaux	3.2	0.04 ± 0.01
55P/Tempel-Tuttle	1.8	0.06 ± 0.025
107P/Wilson-Harrington	2.0	0.05 ± 0.01
C/1983 H1 IRAS-Araki-Alcock	3.5	0.03 ± 0.01
C/1995 O1 Hale-Bopp	30	0.04 ± 0.03
95P/Chiron	80 ± 10	0.15 ± 0.03

 ## 7 彗星核の色

色は、いろいろな指標で表すことができるが、

天文学では色指数とよばれる，波長域（バンド）ごとの等級差（$B-V$など）を用いて表す．彗星の反射光は，特徴のないなだらかな分布をしていることが多いので，スペクトルの傾きをとることもある．波長が100 nmごとに反射率がどの程度変化するかというもので，反射率勾配とよぶ．彗星核は波長に寄らず反射が一定のものと，やや赤い傾向のものとがある．しかし，非常に赤いというほどではない．その一方で，彗星への道を辿っていると考えられているケンタウルス族や，エッジワース・カイパーベルト天体（p.34参照）の中には，彗星核よりも非常に赤い天体も存在している．

これらの非常に赤い物質がいったい何なのか，どうして彗星核では見つからないのか，大きな謎になっている．赤い物質は，先にも触れたように宇宙線の照射による変成物質かもしれない．そして，その物質が彗星への進化の途上，何らかの原因（おそらく彗星活動）によって再び変質し，赤さを喪失したとも考えられるが定かではない．

8　彗星核の分裂

彗星核は，複数の核へ分裂することがある（図4-66，図4-67）．もとの核（親核とよばれる）から生じたそれぞれの核（分裂核）の軌道は，放出された速度の影響で，親核とは異なる軌道をもつことになる．それぞれの軌道を決定すると，分裂の時刻や，分裂時の核の相対速度などの情報が得られ，分裂の原因を探る手掛かりとなる．

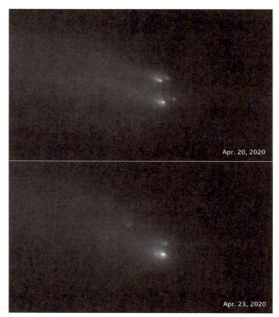

【図4-67】分裂したアトラス彗星 C/2019 Y4（ATLAS）
（NASA, ESA, STScI, and D. Jewitt（UCLA））

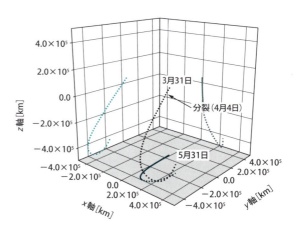

【図4-68】アトラス彗星 C/2019 Y4（ATLAS）分裂に伴うA核に対するC核の運動

2020年4月，アトラス彗星 C/2019 Y4（ATLAS）が分裂したときの分裂核の運動を例として示す（図4-68）．これはJPLの「Horizons」（p.96参照）の「Vector Table」を用いて分裂核の（x, y, z）の位置を計算し，3Dグラフにしたものだ．

また，別の彗星として観測されていたものが，軌道を過去へさかのぼることで，かつては一つの彗星の分裂核同士であったことが判明した例もある（タイバー彗星 C/1996 Q1（Tabur）とリラー彗星 C/1988 A1（Liller）など）．こうしたペア同士の

【図4-66】分裂したシュバスマン・バハマン第3彗星
73P/Schwassmann-Wachmann（NASA, ESA, H. Weaver（JHU/APL），M. Mutchler and Z. Levay（STScI））

特性（光度変化，スペクトルなど）を比較すると，彗星核の内部構造を探る手掛かりになる．もし，両者が同じ性質をもつならば，核全体は均質な構造をもつ可能性があるし，そうでなければその逆を示唆する根拠となるだろう．

池谷・関彗星 C/1965 S1（Ikeya-Seki）に代表されるクロイツ群彗星（p.23参照）も，もとは一つの巨大な彗星核だったと考えられている．

9 彗星核の運命

彗星は太陽に近づき，自らの成分を昇華させることで，華麗な姿をみせている．短周期彗星の場合，いずれは昇華し尽くすか，あるいは枯渇して小惑星になって残るかどちらかだ．彗星の運命としては，4種類のパターンが考えられる．

(1) ドライアイスのように昇華しつくす

短周期彗星は，回帰するたびに，かなりのガスや塵を放出している．核の大きさから質量を推定し，ガスの生成率から逆算すると，短いものは数千年，長いものでも数十万年程度で揮発性物質を失う．したがって，今も短周期彗星が見られるということは，長周期彗星の軌道進化によって短周期彗星の供給があることを意味している．

(2) 氷が昇華した後に岩のようなものを残す

地球接近小惑星（p.34参照）の10%程度は，枯渇彗星である可能性が高いといわれている．

(3) 惑星に衝突して消失する

実例は，1994年のシューメーカー・レヴィ第9彗星 D/1993 F2（Shoemaker-Levy）の木星への衝突だ（p.29，口絵参照）．それほど格別に大規模ではないものの，最近ではCMOSカメラによる動画撮像の普及で，木星面の発光現象が捉えられることも増えてきた．その影響は木星大気の組成にもあらわれている．木星大気は，基本的には原始太陽系星雲のガスの比が，そのまま保たれているはずだが，現在の組成は，炭素，酸素，窒素などの量が4倍から7倍も増えている．これは，多くの彗星が衝突して，彗星特有の元素が増えたためだといわれている．

(4) 太陽系から放出されて星間彗星になる

1770年に発見されたレクセル彗星 D/1770 L1（Lexell）は，軌道計算から，発見直前の1767年に木星に近づいたことが判明している．この接近で軌道を変えられ，観測可能な短周期彗星になったが，その後，1779年7月に再び木星へ接近し，放物線軌道に近い軌道へと放り出されてしまった．星間彗星になったのか確かめようはないが，その可能性が高い．2019年に初めて星間彗星として発見されたボリソフ彗星 2I/Borisov（p.56参照）が，他の恒星系から太陽系にやってきたように，レクセル彗星も太陽系から別の惑星系へと行くのかもしれない．これは恒星間を越えた銀河系内の物質輸送ということになるだろう．

CHAPTER 4-5 ダストテイル

ダストテイルは彗星が放出した無数のダストからなる．それらは無秩序に散らばっているのではなく，ある法則に従って分布している．その過程を丁寧に紐解くと，彗星の過去の振る舞いを知ることができる．

1 彗星ダストの運動

彗星核から噴き出したガスとともに放出された無数のダスト．それらは，μm～mmサイズの小さな粒子だ．しかし，小さいとはいえ，それぞれが独立した天体としての旅立ちだ．太陽をめぐる惑星が，重力（万有引力）の法則に従って公転を続けるのと同じように，彗星ダストも重力の影響を受ける．だが，惑星との決定的な違いがある．それは，重力とともに，放射圧が重要になるということだ．太陽と天体の間に働く重力は，互いに引き合う力として作用する．向きは太陽方向に一致し，大きさは天体の質量に比例する．密度が一定とすると天体の質量は体積に比例する．形を球とすると，重力は半径の3乗に比例して大きくなる．一方，放射圧は太陽から遠ざける方向，すなわち斥力として作用する．そして，重力とは正反対の方向だ．大きさは，光を受ける面積，つまり断面積に比例する．形を球とすると，断面積は半径の2乗に比例する（図4-69）．

ここで，両方の力が加わった状態を考えてみよう．天体の半径が大きくなると，重力も放射圧も大きくなるが，半径の3乗に比例する重力の方がその影響は大きい．つまり，大きな天体になると重力の働きが支配的になり，放射圧の影響が事実上無視できるようになる．惑星や彗星核の軌道計算で放射圧の影響が考慮されないのはこのためだ．反対に，半径の小さな天体ほど放射圧の影響が無視できなくなる．彗星ダストのような「微小天体」では，重力よりも放射圧の方が大きくなることもある．

ダストに働く重力F_gと放射圧F_rの比は，ギリ

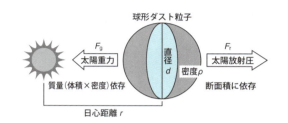

【図4-69】ダストに働く重力と放射圧

シャ文字のβで表される．

$$\beta = F_r / F_g$$

$\beta = 0$のときは，放射圧の影響がない状態であり，ダストの運動は，重力のみを考えればよい．つまり，彗星核とまったく同じ軌道を進む．

βの値が大きくなるに従い，放射圧の影響が大きくなる．その分だけ，重力の影響が弱まるわけだ．$\beta = 1$になると，重力と放射圧が同じ大きさになる．力の向きは正反対だから，両者はキャンセルされ，見かけ上何も力が加わらないことになる．いわば，無重力状態だ．この場合，ダストは核から放出された瞬間に，等速直線運動を開始する．$\beta = 1$を超えると，斥力である放射圧は，引力である重力よりも大きく，ダストは，太陽に弾き飛ばされるような，太陽に対して凸の軌道をもつようになる．

彗星ダストの場合，通常の惑星や彗星核と同じ方法で，ただし，太陽の重力がβに相当する分だけ弱くなったものとして軌道を追跡することができる．あるβ値をもつダストの任意の時刻における位置は，核からの放出時刻t_eにおけるダストの位置P，速度Vがわかれば，計算可能となる．Pは，放出時刻における彗星核の位置，Vは，核に対するダストの放出速度を無視（ダストが核から静かに剥がれ落ちたようなイメージ）すれば，放出時

刻における彗星核の速度そのものと考えることができる．いずれの値も，放出時刻t_eがわかれば，軌道要素から計算可能だ．結局，任意の時刻のダストの位置を知るには，t_eとβさえわかればよいことになる．

こうして，さまざまな時刻t_eに放出された，さまざまなβをもつダストが広がったものが，ダストテイルとして観測されるのだ．

2 シンクロンとシンダイン

ダストテイルの研究では必ず出てくるこの用語について，整理しておこう．

(1) シンクロン曲線（同時放出線）

時刻t_eに，彗星が軌道上のC_eにおいてさまざまなβ値をもつダストを同時に放出したとしよう．$\beta=0$のダストは，彗星と全く同じ軌道をたどり，時刻T_oには，彗星核C_oと同じ場所にある．$\beta>0$のダストは，太陽重力の影響が弱まるため，彗星軌道よりも外側の（太陽を大回りする）軌道にのる．$\beta=1$の場合は，重力と放射圧がバランスし，無重力状態となるため，接線方向へ等速直線運動する．$\beta>1$のダストは太陽に対して凸の双曲線上を移動する．このように，同時に放出されたダストはβに応じてさまざまな軌道を通り，観測時刻においては，C_oに対し，D_0，D_1，D_2，D_3を結ぶ1本の曲線上に分布する．これがシンクロン曲線だ（図4-70）．

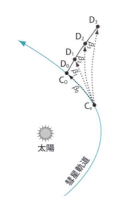

【図4-70】シンクロン曲線の概念図

(2) シンダイン曲線（等斥力線）

彗星が軌道上を運動しながら，C_1，C_2，C_3の各点を通過した瞬間に，同じβ値をもつダストを放出したとしよう．それぞれのダストは，それぞれの軌道をたどり，観測時刻T_oには，彗星核の位置C_oに対しD_0，D_1，D_2，D_3を結ぶ1本の曲線状に分布する．これがシンダイン曲線だ（図4-71）．

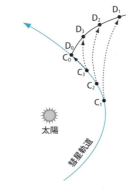

【図4-71】シンダイン曲線の概念図

3 ダストテイルは，彗星の「地層」

(1) 彗星の過去を読み取る

シンクロン・シンダイン曲線と撮影されたダストテイルの画像を比較することによって，何がわかるか考えてみよう．たとえば，彗星核がある特定の瞬間だけダストを放出した場合，ダストテイルは細長く伸びるだろう．それは核に近いほど小さなβ，遠いほど大きなβをもつダストで構成される．まさに，シンクロン曲線だ．さまざまな放出時刻に対するシンクロン曲線を描き，画像と一致するものを見つければ，ダスト放出がいつ起きたのかを特定することができることになる．

扇状に広がったダストテイルなら，その両方の輪郭に一致するシンクロン曲線を探し出せば，ダストを放出した期間がわかる．さらにシンダイン曲線を組み合わせれば，それぞれの時期に放出されたダストのβの分布を知ることができる．

βの値は，ダストの種類（物性）とサイズによっ

て決まる．したがって，シンクロンとシンダインの組み合わせは，「彗星がいつ，どのような種類のダストを放出したか」を解明する重要な道具となる．

　地質学者が，地層の分析から大地の歴史を知るように，私たちはダストテイルから彗星の過去を知る（図4-72）．一般に，彗星が人間の目に触れさまざまな観測がなされるようになるのは，彗星がある程度太陽に近づいてからのことだ．特に新発見の彗星の場合，後に発見前の観測が発掘されない限り，それ以前の振る舞いを知ることは不可能だ．彗星の過去を知る上で，ダストテイルの観測は重要な手段なのだ．

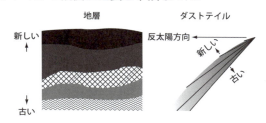
【図4-72】地層とダストテイルの比較

(2) 計算値の適用

　具体例を見てみよう．図4-73の左は，2013年2月13日のパンスターズ彗星 C/2011 L4（PANSTARRS）の画像，右はシンクロン・シンダイン曲線を並べたものである．実線はシンクロン曲線で，τとして添えた数字は，放出時刻t_eを観測時刻から何日前に放出されたかで表した値．破線はシンダイン曲線であり，それぞれのβの値も示した．

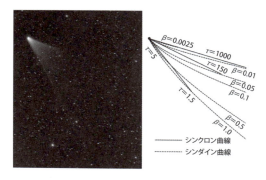
【図4-73】パンスターズ彗星 C/2011 L4（PANSTARRS）のダストテイル（津村光則 撮影）とシンクロン・シンダイン曲線

　右下に向かって扇状に広がるダストテイルとさらにその左側に添うようにプラズマテイルが写っている．ダストテイルの右上の縁，根元の部分にひときわ明るい筋状の構造がある．ここは，$\tau=150$と1000日のシンクロンにはさまれていることから，観測時刻からさかのぼって5カ月から3年近く前までに放出された「古い」ダストで構成されていることになる．それより左側，新しいダストから構成される領域ほど淡くなっている．

　つまり，太陽からかなり遠い段階で活発な活動を見せたものの，その後頭打ちになったことになる．これは，コマの光度観測の傾向とも一致している．太陽に初めて接近する「新彗星」によく見られる現象で，新彗星特有の核の構造に秘密が隠されているのかもしれない．

④ ダストテイルが見せる構造

　通常，のっぺりとした印象をもつダストテイルにも，何らかの構造が見られることがある．

(1) シンクロニックバンド

　核から放射状に伸びる明るい筋が観測されることがある．それらは，シンクロン曲線の方向によく一致する．つまり，特定の時刻に大量のダストが放出された証拠だ．彗星核の分裂に伴う場合もある．この**シンクロニックバンド**とよばれる筋が何本も伸び，あたかもダストテイルが枝分かれしたように見えることもある（p.28参照）．これは，核表面の活動領域が自転によって太陽方向を向くことで間欠的に多量のダストを放出した結果だと考えられる．ダストテイルの解析からは，彗星核の自転に関する情報も得られるのだ．

(2) ストリーエ

　過去の大彗星であるウェスト彗星 C/1975 V1（West），ヘール・ボップ彗星 C/1995 O1（Hale-Bopp）（図4-74），マクノート彗星 C/2006 P1（McNaught）などが見せた細かい筋状の構造を

ストリーエとよぶ．日本では，ストリーエをシンクロニックバンドとよぶこともある．筋の根本も筋の延長方向も核に交わらず，しかもシンクロンの方向とも一致しないのが特徴だ．なぜこうした構造ができるのか，さまざまな研究がなされているが定説はない．ダストテイルに関する最大の謎と言ってもよいだろう．核から放出されたダストがその後崩壊し，核から離れた場所で新しいテイルを形成したために生じたものであるという点で多くの研究は一致しているが，問題は，その崩壊のメカニズムだ．なぜ，どのようにしてダストが崩壊するのか．それはダストの物性をさぐる大きな手がかりになる．最近ではダストが帯電した結果生じるローレンツ力を考慮に入れることでストリーエの形状をうまく再現した研究も注目されている．

【図 4-75】ルーリン彗星 C/2007 N3（Lulin）のアンチテイル 太陽方向である左下に向かって伸びている（津村光則 撮影）．

【図 4-74】マクノート彗星（C/2006 P1）のストリーエ (S. Deiries/ESO)

(3) アンチテイル

彗星の尾は，通常太陽の反対方向に伸びて見えるが，地球が彗星の軌道面を通過する頃，太陽方向に伸びる**アンチテイル**（反対尾）が観測されることがある（図 4-75）．古いダストが分布する方向が，地球との位置関係によって見かけ上太陽方向に向いて見える現象だ．

(4) ネックラインストラクチャー

アンチテイルに似た構造に**ネックラインストラクチャー**がある．見かけはよく似ているが，その成因はまったく異なる．シンクロン・シンダイン曲線の計算においては，通常核からのダストの放出速度はゼロと仮定される．しかし，実際にはある程度の初速をもち，四方八方へ独自の軌道を進み始める．その結果，多数のダストは彗星軌道面に対し，さまざまな傾きをもった軌道平面上に広がっていく．しかし，太陽を挟んで軌道の正反対の位置に達する頃には，再びダストが狭い範囲に集中していく（図 4-76）．これらのダストの集合体が，ネックラインストラクチャーとして観測される．この形状の解析からは，核からのダストの放出速度に関する情報を得ることができる．

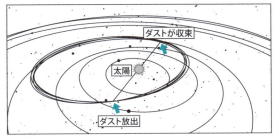

【図 4-76】ネックラインストラクチャーの概念図

解析用ツール

シンクロン・シンダイン曲線を手軽に描くためのツールを紹介する．

(1) FP diagram

https://www.comet-toolbox.com/FP.html

上記のサイトで公開されているオンラインアプリケーション．彗星の軌道要素と，パラメータを入力するだけで，シンクロン・シンダイン曲線が表示される．軌道要素の入力は，「Horizons」(p.96

参照)の位置推算の出力の先頭付近にある2行の軌道要素をコピー&ペーストする方法が手軽だ．

　プロットの座標軸の取り方の関係で，極に近いほど実際よりも幅広く見えるので撮影した画像との比較の際に注意が必要である(図4-77)．

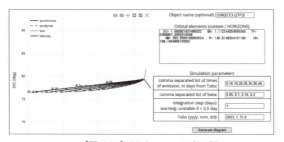

【図4-77】FP diagramの表示例

(2) ステラナビゲータ

　アストロアーツ製の天文シミュレーションソフト「ステラナビゲータ」には，ダストテイルの計算機能が搭載されている．ここでは，ステラナビゲータ12の例を紹介する．

　彗星を星図に表示させた状態でその位置を右クリックすると現れるメニューで「テイル編集」を選ぶとウインドウが開く(図4-78)．「日心距離による放出時間の自動調節」のチェックをはずし，「アウトライン表示」にチェックを入れておく．「放出期間」「β_{min}：」「β_{max}：」のスライダーを移動させると，折れ線で描かれたシンクロン・シンダイン曲線の形状がさまざまに変化する．まずは3つのパ

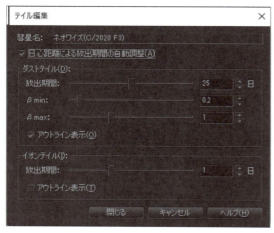

【図4-78】テイル編集ウインドウ

ラメータをいろいろと動かし，形状がどのように変わるか傾向をつかんでみるとよい．

　彗星から比較的直線状に伸びているのがシンクロン曲線だ．「放出期間」は，観測時刻からさかのぼって何日前のシンクロンから描くかを設定する値である．この日から観測日まで等間隔で描かれる．弧を描き，尾の両端を縁取っているのがシンダイン曲線だ．反太陽方向に近い方向から伸びているのがβ_{max}，もう一方がβ_{min}に相当する．

　ダストテイルのテクスチャを消し，シンクロン・シンダイン曲線のみ表示させたい場合は，Ctrlキーとスペースキーを同時に押すと表示されるウインドウで，彗星の登録符号を用いて，「comet.C2020F3.dusttail.surface.visible＝false」とする(図4-79)．

【図4-79】ダストテイルのテクスチャを消すコマンド入力

　このソフトウェアには，画像を星図上にマッピングする機能もあり，シンクロン・シンダイン曲線とダストテイルを比較するのに便利だ(図4-80)．

【図4-80】彗星画像と重ね合わせたようす (新井 優 撮影)

三次元測光モデル

　シンクロン・シンダイン曲線による分析は比較的手軽に行えるが，限界もある．そもそもダストの放出量を計算パラメータに含んでおらず，加えて初速度をゼロ，すなわちダストテイルが軌道平

面上に二次元の形状として広がっていると仮定しているため，尾の輝度分布を定量的に扱うことができない．一方で，観測されたダストテイルを形状だけではなく，輝度分布を再現できるようにモデル化することで，ダストの放出量，β，速度の分布やその時間変化を知ることができる．ダストの分布を三次元で扱うこうしたモデルはさまざまな手法が開発，実用化されている．

7 偏光解析

偏光観測によって，ダストテイルを研究することも可能だ．望遠レンズを装着した一眼カメラに，直線偏光フィルタを用い，RGBカラーで同時にテイルの偏光度を求めた例を図4-81に示す．この結果から，長波長の方が偏光度が高いことがわかる．

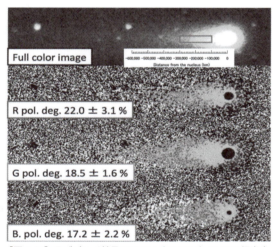

【図4-81】ラブジョイ彗星 Lovejoy（2013 R1）の RGB 偏光度（2013年12月8日）偏光度の数値は，上段の矩形領域の平均値を示す．この範囲は彗星核から $1.0 \times 10^5 \sim 3.0 \times 10^5$ km にあたる距離である．

彗星のテイルの偏光度観測は，比較的広視野（1°以上）が必要であるため，観測事例は多くない．ラブジョイ彗星 Lovejoy（C/2013 R1）を含めた観測結果を図4-82に示しておく．デジカメよりも高精度・高感度のCMOSカメラの普及によって，アマチュアの活躍が期待できる分野である．

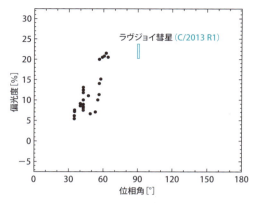

【図4-82】現在までに測定されている彗星のテイルの偏光度（NASA 偏光度データベース https://data.nasa.gov/Earth-Science/DATABASE-OF-COMET-POLARIMETRY-V1-0/xdyf-936n/data より）

8 補遺：ダストの位置計算

シンクロン・シンダイン曲線等を計算するうえで必要なダストの位置の求め方を示しておく．

彗星核のサイズ及び核に対するダストの放出速度をゼロと仮定すると，放出時刻 t_e のダストの位置 P，速度 V は，彗星核のそれに等しい．

$$P = (P_x, P_y, P_z)$$
$$V = (V_x, V_y, V_z)$$

太陽を中心としたダストの運動方程式は，

$$\dot{V} = -(1-\beta)\mu\frac{P}{r^3}$$

で表せる．
ここで，

$$r^2 = (P_x^2 + P_y^2 + P_z^2)$$
$$\mu = G(M+m)$$

ダストの質量 m は太陽質量 M に対して無視できるほど小さいので，

$$\mu = GM$$

と考えてよい．

t_e における P，V を初期条件（値は，JPL Horizonsで知ることもできる）として任意の時刻 t まで積分すれば，t におけるダストの位置 P が得られる．

CHAPTER 4-6 ナトリウムテイル

彗星の尾はプラズマテイルとダストテイルの2種類とされてきた。しかし，観測技術の向上により，新しい種類のテイルが発見されている。それは，原子そのものが発光する，ナトリウムや鉄原子のテイルだ．

1 ナトリウムテイルの発見

彗星スペクトル中にナトリウム（Na）の輝線が存在することは，古くから知られていたが，2次元撮像されたのは，1997年のヘール・ボップ彗星C/1995 O1 (Hale-Bopp)が最初だ．クレモネーゼ（G. Cremonese et al., 1997）らは，Na輝線の波長のみを透過するフィルタで撮影し，直線状に伸びた尾（narrow sodium tail）をとらえた（図4-83）．さらに，ウィルソン（Wilson et al., 1998）らによって，プラズマテイルとダストテイルの間に拡散状のNaテイル（diffused sodium tail）が存在することも確かめられた．Naテイルには2種類が存在することが判明したのだ．

2 ナトリウムの観測条件

Naの発光は，彗星の太陽に対する速度に依存する．太陽光にはNaの強い吸収線が存在するため，彗星から放出されたNa原子は，通常では励起されず見えない（図4-84 a）．ところが，彗星が太陽に対して十分な速度をもつと，ドップラー効果によって，本来のNa輝線の波長にエネルギーが届くようになる（図4-84 b）．すると，放出されたNa原子は太陽放射圧によって加速されて大きな対太陽速度をもつようになり，その発光はさらに強くなる（図4-84 c）．Naは原子であるため，β値は約80にもなる（表4-5）．ダストテイルとは大きく異なる直線状のNaテイルになる理由だ．さらに，彗星の対地速度が大きくなると，ドップラー効果によって地球大気に存在するNa輝線と分離し（図4-84 d），分光観測でとらえられる（図4-85）．速度の情報は，Horizonsの位置推算データr_{dot}，del_{dot}でわかる（図4-86）．

Naテイルは，干渉フィルタが必須であると考えられてきたが，2013年にごく普通の一眼カメラでパンスターズ彗星（C/2011 L4）のNaテイルが撮像された（図4-87）．アマチュアにとっても取り組める新たなテーマになってきたといえる．

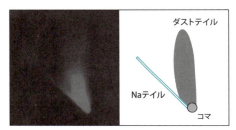

【図4-83】Naテイルの検出画像（Cremonese et al. 1997）

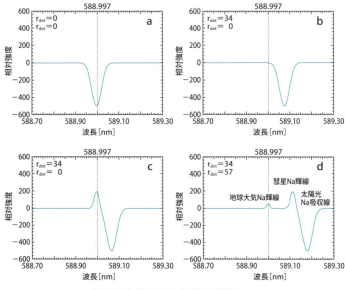

【図4-84】彗星のNa輝線形成過程

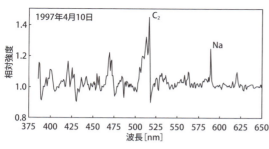

【図 4-85】ヘール・ボップ彗星 C/1995 O1 (Hale-Bopp) のスペクトル（藤井 貢）

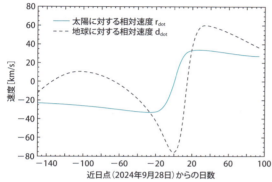

【図 4-86】紫金山・アトラス彗星 C/2023 A3 (Tsuchinshan-ATLAS) の対太陽速度，対地球速度の変化

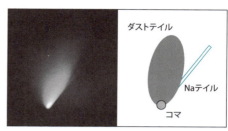

【図 4-87】パンスターズ彗星 C/2011 L4 (PANSTARRS) の Na テイル（倉敷科学センター 三島和久 撮影）

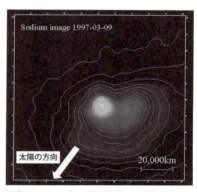

【図 4-88】ヘール・ボップ彗星 C/1995 O1 (Hale-Bopp) の Na コマ（みさと天文台 撮影）

3 ナトリウムの起源

Na は核から直接に放出されたガス分子からの解離なのか，あるいはダストから放出されたものなのか（図 4-88）．その解明には，細い Na テイルの幅を知ることが重要になる．観測に見合う幅を作れる Na 原子の放出初速度が求められると，「親物質」が明らかになる．

4 鉄のテイル

マクノート彗星（C/2006 P1）は，近日点距離が 0.17 au と非常に近かったため，太陽を常時モニタリングしている NASA の STEREO 衛星で撮影された．無数のストリーエで構成されたダストテイルの横に，弧状に伸びたテイルが写っていた（図 4-89）．フューレ（Fulle 2007）は，一連の画像の解析から，この尾がプラズマテイルではないことを確かめ，$\beta = 6$ のシンダイン曲線とよく一致することを突き止めた．この値は，鉄に相当する値だった．高温にならないとスペクトル線を見せない元素の観測は，太陽に近づく大彗星が大きなチャンスだ．実際，過去にスペクトル中に鉄が検出されたのは，池谷・関彗星（C/1965 S1）のみだ．

【図 4-89】マクノート彗星 C/2006 P1 (McNaught) の鉄テイルの発見（Fulle *et al.*, 2007 より）

【表 4-5】原子の β 値

原子	β
H	0.20
C	1.15×10^{-3}
N	5×10^{-5}
O	4×10^{-5}
Na	75
Mg	1.3
Al	5
Si	7×10^{-2}
S	6×10^{-4}
Ar	4×10^{-8}
K	56
Ca	40
Fe	6.0

CHAPTER 4-7 プラズマテイル

彗星のプラズマテイルは，電離した彗星起源のガスと太陽風との相互作用によって形成される．太陽系内のさまざまな場所における太陽風データを得られ，目には見えない惑星間磁場を可視化するためにも役に立つ．

1 太陽風とプラズマテイル

太陽からは電荷をもった粒子がたえず噴出している．地上を吹く風になぞらえて，太陽風とよばれている．太陽風は磁力線を伴って惑星間空間を進んでいく．磁力線は彗星と遭遇すると，まとわりつくように折れ曲がり，彗星磁気圏を形成する（図4-90）．

磁力線は目で見ることはできない．磁石をとりまく磁力線も同様だ．だが，磁石の上に紙を置き，細かい鉄粉をふりかけると，美しい曲線として浮かび上がる．いわば磁力線が，鉄粉によって着色されたのだ．同様に，彗星磁気圏に彗星プラズマが流れ込み，「着色」されたものがプラズマテイル（図4-91）だと考えるとよい．

2 プラズマテイルの伸びる向き

そもそも，太陽風は彗星のプラズマテイルの観測から発見された．ドイツのビアマン（Biermann 1951）は，プラズマテイルの方向を分析し，太陽から秒速数百kmの粒子の流れ，すなわち太陽風が吹いていることを示唆した．目には見えない太陽風が，プラズマテイルという吹き流しによって見えるようになったのだ．

プラズマテイルは太陽と正反対の方向に延びるといわれるが，厳密にはそうとは限らない．太陽風速度は無限大ではなく，その中を移動する彗星核の速度との兼ね合いで，ずれが生じるのだ．

斎藤（1988）は，太陽風とプラズマテイルの関係を流しそうめんに例えている．水の流れを太陽風，それに運ばれてやってくるそうめんが磁力線，受け止める箸の先が彗星というわけだ．

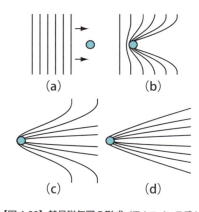

【図4-90】彗星磁気圏の形成（アルフベンモデル）

【図4-91】カタリナ彗星 C/2013 US10（Catalina）
コマ右上に伸びるのがプラズマテイル（高橋織男 撮影）

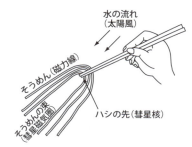

【図4-92】彗星磁気圏と流しそうめん
（斎藤尚生『オーロラ・彗星・磁気圏』共立出版，図10.8より一部改変）

そうめんの流れや箸の動かし方によって，絡み付くそうめんの形状は変化する．彗星の場合，そ

の動きの速さや方向は軌道要素から計算できるので，プラズマテイルの方向の反太陽方向からのずれを観測することにより，太陽風速度を知ることができる．

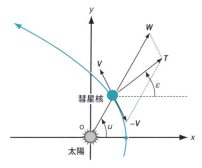

【図 4-93】プラズマテイルと太陽風速度の関係

彗星軌道平面上における彗星の速度ベクトルを V，彗星核付近での太陽風の速度ベクトル（太陽風は彗星核に対して反太陽方向に吹いていると仮定）を W とすると，プラズマテイルはベクトル T，すなわち

$$T = W - V$$

の方向に向くと考えることができる．

太陽を原点とし，彗星軌道の近日点方向に x 軸，彗星軌道平面内において軌道運動の向きに沿って直角に y 軸をもつ座標系（以下，軌道平面座標）を考える．太陽風は彗星核に対して反太陽方向に吹いていると仮定すると，この座標系における太陽風ベクトル W は，u を彗星核の真近点角を用いて，

$$W = (W_x, W_y)$$
$$W_x = W \cdot \cos u \quad W_y = W \cdot \sin u$$
（ここで $W = |W|$）

彗星核の速度ベクトルを，

$$V = (V_x, V_y)$$

とすると，$T = (T_x, T_y)$ の成分は，

$$T_x = W_x - V_x$$
$$T_y = W_y - V_y$$

となる．

プラズマテイルの方向を，x 軸から反時計周りに測った角度 ε で表すと，

$$\tan \varepsilon = T_y / T_x$$

だ．したがって，プラズマテイルの先端の軌道平面座標 (l_x, l_y) は，プラズマテイルの長さを l（プラズマテイルの方向のみを考える場合は，任意の値でよい）とすると，

$$l_x = r \cdot \cos u + l \cdot \cos \varepsilon$$
$$l_y = r \cdot \sin u + l \cdot \sin \varepsilon$$

これを，通常の位置推算と同様な方法で日心赤道座標，さらに地心赤道座標 $P_t(\alpha_t, \delta_t)$ に変換し，彗星核の位置 (α_c, δ_c) に対する位置角を求めれば，その値でプラズマテイルの方向を表現することができる．

太陽系空間，つまり太陽との距離，太陽面緯度による太陽風速度の分布や変化は，地球にいる限り直接知ることはできない．その点，太陽系空間を縦横に動き回る彗星のプラズマテイルは，「天然の吹き流し」として大きな価値をもつのだ．

3 変化に富むプラズマテイル

ダストテイルとは対照的に，プラズマテイルには微細な構造がしばしば観測され，しかも短時間で変化する．主な構造の模式図を図 4-94 に示した．

① **レイ（ray）** 光条．コマ近傍から延びる筋状の構造．時間がたつにつれ，傘をたたむようにすぼまっていくようすが見られる．

② **ノット（knot）** こぶ．部分的に輝度や太さが増している領域．

③ **キンク（kink）** 折れ曲がり．

④ **DE（disconnection event）** 尾がちぎれる現象．

いずれの現象も未解明の点が多いが，太陽風に伴って彗星と遭遇する磁力線と深い関連があるとされる．

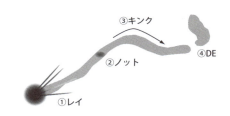

【図 4-94】プラズマテイルにみられるさまざまな構造

（1）ノットの移動を追う

　プラズマテイルに見られる構造の多くは，時間とともに核からの距離が離れていく．代表例がノットだ．連続的に撮影された一連の画像からその移動速度を調べてみよう．

　まず，彗星核とノットの距離を角度の単位で求める．彗星核付近が明るく映りすぎていてその位置がわかりにくい場合は，位置推算表と背景の恒星の位置をもとに彗星核の位置を決定すると測定精度を確保できる．ノットが彗星核と太陽を結ぶ直線上に存在すると仮定すると，図4-96に示した幾何学的関係により，核からの実距離に変換することができる．

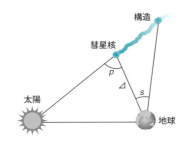

【図4-96】核からの核距離と実距離の関係

$$D = \frac{\sin s}{\sin (p - s)} \Delta$$

D：核からの実距離
s：核からノットまでの角度
p：位相角
Δ：核の地心距離

　複数の画像に対して同様の処理を行い，横軸を観測時刻，縦軸をDにとったグラフを描くと，その傾きがノットの移動速度だ．もちろん，この方法は，ノット以外の構造にも応用可能だ．

　グラフが直線になる場合は等速運動をしていることになるが，曲線，つまり徐々に加速しているようすがとらえられることもあり，貴重なデータとなる．ノットの移動速度そのものが太陽風速度ではなく，尾の先端に向かうにつれて加速し，最終的に太陽風速度に達するという考えが一般的だ．

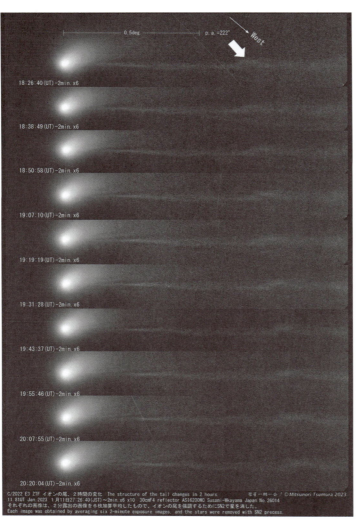

【図4-95】ZTF彗星（C/2022 E3）で観測されたノット（矢印）とその移動（津村光則）

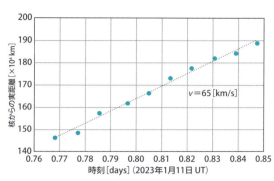

【図4-97】図4-95の測定結果から得られたZTF彗星C/2022 E3（ZTF）のノットの移動（津村光則 測定）グラフの傾きから，移動速度が約65 km/sであることがわかる．

（2）尾のちぎれ現象

DE（ちぎれ現象）については，**磁気中性面**（セクター境界面ともいう）との関係が有力視されている．磁気中性面とは太陽の磁力線の向きが反転する境目に相当する．ここを彗星が通過する際に磁力線のつなぎかえ（磁気再結合）がおき，プラズマ

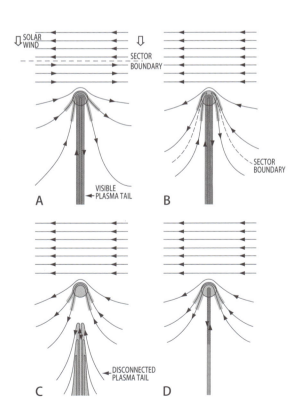

【図4-98】磁気中性面の通過とDE発生モデル
彗星に絡みつく磁力線の向きを矢印で表してある．向きが変わる境界が磁気中性面（Niedner, M.B., Jr. & Brandt, J.C., *Astrophysical Journal*, Part 1, vol.223, July 15, 1978, p.655-670）．

テイルも一緒にちぎれるという考えかただ．ニードナーとブラント（Niedner and Brand, 1978）が唱えたこの「磁気中性面モデル」には異論もある．斎藤尚生らは，太陽風速度が急激に大きくなると，磁力線が密になり，磁力線のつなぎかえがおこるとする「風の息」モデルを提唱した．

いずれのモデルが正しいか検証する上で，DEがいつ起きたのかを知ることが重要だ．もし前者が正しければ，DEは彗星が磁気中性面を通過するときにしか起きない．逆に，磁気中性面から遠い場所でDEが観測されれば，後者を支持する有力な証拠になる．

近年は，人工衛星から太陽活動のようすが常時観測されるなど，データの質と量は飛躍的に高まっている．彗星プラズマテイルの振る舞いを解釈する上ではこうしたデータのチェックも欠かせない．

4 デジタル時代ならではの研究テーマ

プラズマテイルの研究は，複雑な手続きを必要とする測光観測でなく，形状をとらえるだけでも貴重なデータを得ることができる．しかも視野の広い小型の観測機材が有利であるという点で，アマチュアの活躍が期待される分野だ．短時間での連写による高空間分解能・高時間分解能の画像が，新たな知見をもたらす可能性は十分にある．フィルタをかけずに撮影された，いわゆる観賞用画像からでも科学的な情報を引き出すことができる．連続して撮影された画像が集まったら，スケールと方位をあわせてアニメーションにしてみよう．ムービーでない単なるスライドショーでも，一枚の画像だけでは気づかなかった微細な形状変化が発見できるかもしれない．

インターネットにアクセスすれば，世界中で撮影された画像が容易に手に入る．自前で観測ができなくても，これらを活用した研究も面白い．一つの彗星の見せる現象を世界中の観測者が追跡し，その謎を解き明かす．なんとも痛快なことではないか．

彗星観測のための標準星

測定するためには基準となるものが必要だ．オンラインで参照できるカタログ（星表）は多く，ソフトウェアと連携しているものもある．ここでは，分光・偏光観測に用いられる標準星を中心に示す．

1 標準星の撮像

彗星は面積をもつ天体だが，恒星は基本的に点光源である．そのため，恒星は，デジカメやCMOSの特定なピクセルに光が集中し，短い時間で飽和してしまう．したがって，短時間の露光をするか，フォーカスを外して撮像する．露光時間やフォーカスをどの程度にしたらよいかは，使用する機器によって異なる．機器に合わせて，事前にテスト撮影をしておくとよい．

標準星は，彗星の近くにあることが望ましいが，いつもそうだとは限らない．また，大気吸収量は，時間とともに変化する．そのため，彗星観測の前後に，できるだけ多くの標準星を撮像しておくことが望ましい．

2 標準星カタログの Web サイト

・彗星ハンドブック 2004
https://pholus.mtk.nao.ac.jp/COMET/comet_handbook_2004/2-9.pdf
　・測光用標準星，簡易位置測定用標準星
　・UBVRI 測光標準星
　・IAU フィルタ測光標準星
　・分光標準星
　・太陽類似星
　・偏光標準星

・国立天文台　天文データアーカイブセンター
http://dbc.nao.ac.jp/c_index.html
　・Astrometric Catalogues
　・Photometric Catalogues
　・Spectroscopic Catalogues
　・Combined Data

・**Standard Stars and On-line Surveys**
http://www.caha.es/pedraz/SSS/sss.html
　・Optical Photometric Standards
　・Optical Spectrophotometric Standards
　・Polarized Standard Stars
　・On-line Surveys

3 掲載したカタログ

小口径望遠鏡，導入精度を考慮して，比較的明るい標準星のリストを以下に示す．分光標準星の波長ごとの強度は，上記のWebサイトからダウンロードできる．

1. 偏光標準星

装置偏光度と偏光角補正のために，それぞれ無偏光標準星，強偏光標準星が使われる．

2. 分光標準星

装置の分光特性を決めるために使われる標準星で，吸収線がはっきりしている高温度の恒星が使われることが多い．

3. 太陽類似星

ダストによる太陽光の反射成分を見積もり，フィルタの相対感度を調べるために使われる．

■Web掲載したステラナビゲータ(SN11)の追加天体ファイルは、
以下の構成となっている．ファイルの一部を掲載しておく．

無偏光標準星　UNPOL_star.adf

赤経	赤緯	SNマーク記号	HDナンバー	V等級	リスト番号	SNカラー
eqt 00.15294444,	＋59.14972222,	Mark 1,	HD000432_	mv2.27_	U00001,	4

強偏光標準星　SPOL_star.adf

eqt 01.33466667,　　＋58.23166667,　　Mark 1,　　HD007927_　　mv4.99_　　S10001,　　3

分光標準星　SP_STD.adf

赤経	赤緯	SNマーク記号	HDナンバー	V等級	スペクトル型　B-V	SNカラー
eqt 02.46930556,	08.460000000,	Mark 5,	HD00718_	mv4.28_	B9_ －0.06,	3

太陽類似星　Solar_analogs.adf

eqt 03.58033333,　　06.41777778,　　Mark 4,　　HD00511_　　mv6.49_　　G0_0.63,　　3

【表 4-6】無偏光標準星

No.	HD	RA h:m:s	DEC d:m:s	V mag	B-V mag	U-B mag	Sp type	Pol %
U00001	432	00 09 10.6	+59 08 59	2.27	0.34	0.10	F2III	0.0009
U00002	47105	06 37 42.7	+16 23 57	1.93	0.00	0.06	A0IV	0.0022
U00003	95418	11 01 50.4	+56 22 56	2.37	-0.02	0.00	A1V	0.0018
U00004	127762	14 32 04.6	+38 18 29	3.04	0.19	0.12	A7III	0.0012
U00005	214923	22 41 27.6	+10 49 53	3.41	-0.09	-0.22	B8V	0.0021
U00101	21447	03 30 00.2	+55 27 07	5.10	0.04	0.04	A1IV	0.0510
U00201	9540	01 33 15.9	-24 10 40	6.96	0.74	0.33	G8V	-----
U00202	10476	01 42 29.7	+20 16 07	5.24	0.84	0.50	K1V	0.0160
U00203	18803	03 02 26.0	+26 36 34	6.62	0.72	0.31	G6VV	-----
U00204	20630	03 19 21.6	+03 22 13	4.83	0.68	0.19	G5V	0.0060
U00205	38393	05 44 27.7	-22 26 55	3.59	0.48	-0.01	F6V	0.0050
U00206	39587	05 54 22.9	+20 16 34	4.40	0.59	0.06	G0V	0.0130
U00207	42807	06 13 12.6	+10 37 39	6.44	0.66	0.16	G6VV	-----
U00208	61421	07 39 18.1	+05 13 30	0.37	0.42	0.02	F5IV	0.0050
U00209	65583	08 00 32.2	+29 12 44	7.00	0.71	0.18	G8V	-----
U00210	98281	11 18 21.9	-05 04 02	7.29	0.74	0.27	G8V	-----
U00211	100623	11 34 29.4	-32 49 53	5.95	0.81	0.34	K0V	0.0160
U00212	102438	11 47 15.6	-30 17 12	6.48	0.68	0.22	G5V	-----
U00213	102870	11 50 41.6	+01 45 53	3.61	0.55	0.10	F8V	0.0170
U00214	103095	11 52 58.7	+37 43 03	6.45	0.75	0.17	G8VI	-----
U00215	114710	13 11 52.3	+27 52 41	4.26	0.57	0.07	G0V	0.0180
U00216	115617	13 18 24.2	-18 18 41	4.74	0.71	0.26	G6V	0.0100
U00217	12584	14 18 00.5	-07 32 33	6.47	0.72	0.34	G8V	-----
U00218	142373	15 52 40.4	+42 27 05	4.62	0.56	0.01	F9V	0.0120
U00219	144287	16 04 03.6	+25 15 16	7.10	0.77	0.34	G8V	-----
U00220	144579	16 04 56.7	+39 09 23	6.66	0.73	0.21	G8V	-----
U00221	154345	17 02 36.2	+47 04 54	6.76	0.73	0.28	G8V	-----
U00222	155886	17 15 20.7	-21 36 04	4.32	0.86	0.49	k1V	0.0050
U00223	165908	18 07 01.3	+30 33 43	5.05	0.52	-0.09	F7V	0.0020
U00224	185395	19 36 26.2	+50 13 16	4.48	0.38	-0.03	F4V	0.0030
U00225	188512	19 55 18.5	+06 24 24	3.72	0.85	0.49	G8IV	0.0120
U00226	198149	20 45 17.2	+61 50 20	3.42	0.92	0.61	K0IV	0.0060
U00227	210027	22 07 00.5	+25 20 42	3.77	0.43	-0.02	F5V	0.0020
U00228	216956	22 57 38.9	-29 37 20	1.16	0.09	0.10	A3V	0.0060

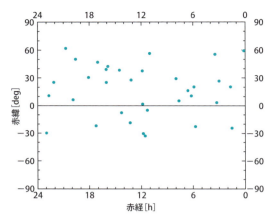

【図 4-99】無偏光標準星のマップ

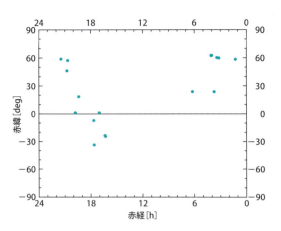

【図 4-100】強偏光標準星のマップ

【表 4-7】強偏光標準星

No.	HD	RA h:m:s	DEC d:m:s	V mag	B-V mag	U-B mag	Sp type	Pol %	PA deg
S10001	7927	01 20 04.8	+58 13 54	4.99	0.68	0.47	F0Ia	3.32	92
S10002	19820	03 14 05.3	+59 33 49	7.11	0.51	-0.50	O0IV	4.82	115
S10003	25443	04 06 08.0	+62 06 07	6.74	0.31	-0.62	B0.5III	5.15	135
S10004	154445	17 05 32.1	-00 53 32	5.62	0.14	-0.64	B1V	3.67	89
S10005	161056	17 43 46.9	-07 04 46	6.31	0.37	-0.48	B0V	4.0	66
S10006	204827	21 28 57.7	+58 44 23	7.94	0.81	-0.13	B0.5III	5.34	59
S10101	25090	04 02 55.2	+62 25 17	7.30	0.33	-0.55	B0IIn	5.7	135
S10102	25638	04 07 51.0	+62 19 48	7.00	0.42	-0.53	A5II	6.31	141
S10103	147084	16 20 38.0	-24 10 10	4.55	0.84	0.64	B3/4 V	4.48	30
S10104	147888	16 25 24.1	-23 27 38	6.74	0.30	-0.35	B2IV	3.51	54
S10105	146933	16 25 34.9	-23 26 46	4.66	0.23	-0.57	B2III	2.71	49
S10106	197770	20 43 13.4	+57 06 51	6.31	0.34	-0.47	B2III	3.88	131
S10201	21291	03 29 04.1	+59 56 25	4.21	0.41	-0.23	B9Ia	3.5	115
S10202	23512	03 46 34.2	+23 37 27	8.11	0.36	0.29	A0V	2.3	30
S10203	43384	06 16 58.7	+23 44 27	6.25	0.45	-0.38	B3Ia	3.0	170
S10204	160529	17 41 58.8	-33 30 12	6.57	1.22	0.36	A2Ia+	7.3	20
S10205	183143	19 27 26.3	+18 17 45	6.84	1.18	0.17	B7Ia	6.1	0
S10206	187929	19 52 28.1	+01 00 20	3.68	0.71	0.47	F6Ia	1.8	93
S10207	198478	20 48 56.2	+46 06 51	4.83	0.40	-0.46	B3Ia	2.8	3

【表 4-8】分光標準星

HD	Star name	RA(2000) h:m:s	DEC(2000) d:m:s	Sp. Type	V mag	U-B mag	B-V mag	V-R mag	V-I mag
718	Xi2 Cet	02 28 09.5	+08 27 36	B9 III	4.28	-0.107	-0.056	-0.023	-0.063
1544	Pi2 Ori	04 50 36.7	+08 54 01	A1 V	4.36		0.010	0.014	0.039
3454	Eta Hya	08 43 13.5	+03 23 55	B3 V	4.30	-0.743	-0.200	-0.083	-0.200
4468	Theta Crt	11 36 40.9	-09 48 08	B9.5 V	4.70	-0.180	-0.070	-0.023	-0.063
4963	Theta Vir	13 09 57.0	-05 32 20	A1 IV	4.38	-0.010	0.000	0.003	0.010
5501	108 Vir	14 45 30.2	+00 43 02	B9.5 V	5.68	-0.080	-0.023	0.004	-0.026
7001	Alpha Lyr	18 36 56.3	+38 47 01	A0 V	0.03	0.000	0.000	-0.037	-0.045
7596	58 Aql	19 54 44.8	+00 16 25	A0 III	5.62	-0.010	0.100		
7950	Epsilon Aqr	20 47 40.6	-09 29 45	A1 V	3.78	0.029	-0.001	-0.005	-0.010
8634	Zeta Peg	22 41 27.7	+10 49 53	B8 V	3.40	-0.240	-0.090	-0.037	-0.079
9087	29 Psc	00 01 49.4	-03 01 39	B7 III-IV	5.12	-0.501	-0.136	-0.052	-0.122

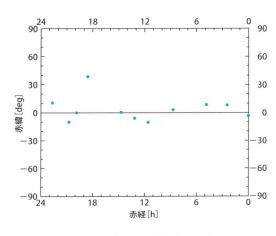

【図 4-101】分光標準星のマップ

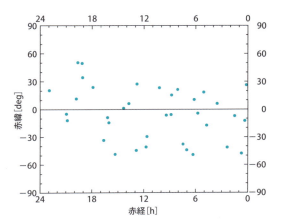

【図 4-102】明るい太陽類似星のマップ

【表 4-9】明るい太陽類似星

HD	RA h:m:s	DEC d:m:s	SP type	V mag	B-V mag
511	03 34 49.2	+06 25 04	G0	6.49	0.63
954	04 47 36.3	−16 56 04	G2	5.51	0.63
1862	08 07 45.8	+21 34 54	G1	5.30	0.63
2690	13 46 57.1	+06 21 02	G0	6.33	0.63
2920	14 23 15.3	+01 14 30	G1	6.27	0.63
3283	17 57 14.3	+23 59 45	G2	6.30	0.63
3439	19 09 04.4	+34 36 02	G1	6.74	0.63
3637	07 30 42.4	−37 20 23	G4	6.65	0.63
5433	21 00 33.8	−04 43 49	G1	6.21	0.63
176	00 45 45.6	−47 33 06	G1	5.80	0.64
256	01 33 42.9	−07 01 31	G2	5.76	0.64
1244	05 48 34.9	−04 05 41	G4	5.97	0.64
1917	08 51 01.5	+15 21 02	G1	6.38	0.64
2802	09 27 46.8	−06 04 16	G2	5.38	0.64
2847	19 41 48.9	+50 31 31	G1	5.96	0.64
2906	07 03 57.3	−43 36 29	G3	5.54	0.64
7953	12 54 58.5	−44 09 07	G1	5.89	0.64
14	00 13 24.0	+26 59 14	G0	6.30	0.65
779	05 07 27.0	+18 38 42	G4	5.00	0.65
2959	19 12 05.0	+49 51 22	G4	6.57	0.65
4019	19 52 03.5	+11 37 44	G0	6.13	0.65
4242	16 15 37.3	−08 22 10	G2	5.50	0.65
9919	15 21 48.2	−48 19 04	G3	5.65	0.65
11913	16 41 45.5	−33 08 47	G3	5.87	0.65
26959	19 12 04.6	+49 51 15	G4	6.75	0.65
9	00 22 51.8	−12 12 34	G2	6.39	0.66
681	02 24 33.8	−40 50 26	G2	6.18	0.66
2259	06 20 06.1	−48 44 28	G3	6.60	0.66
4342	16 07 03.4	−14 04 15	G4	6.32	0.66
7301	11 46 31.1	−40 30 02	G3	4.91	0.66
9027	11 41 08.4	−29 11 47	G0	6.44	0.66
1050	06 13 12.6	+10 37 39	G2	6.45	0.67
2156	12 51 41.9	+27 32 26	G0	4.94	0.67
2207	10 16 32.3	+23 30 11	G1	5.97	0.67
2490	08 54 17.9	−05 26 04	G2	6.00	0.67
5036	22 57 27.9	+20 46 08	G2	5.49	0.67
5854	20 53 05.6	−11 34 25	G1	6.38	0.67

参考文献

何かを調べるときは適切な参考文献に目を通すことが重要だ．最新の論文も，今ではインターネットを検索して入手できる．絶版書籍も購入できることがあるので調べてみよう．ここでは参考となる文献と資料を案内する．

1 日本語で読める市販の書籍（絶版を含む）

中村士・山本哲生『彗星：彗星科学の最前線』
（アストラルシリーズ4）　恒星社厚生閣，1984年

　40年前の出版だが，彗星の物理や化学を横書きで扱った，日本語で読める貴重な一冊．1986年のハレー彗星回帰を前にして，さまざまに進められていた当時最先端の研究成果が紹介されており，今でも参考になることが多い．

天文と気象編集部編『彗星の観測ガイド』
地人書館，1974年

　既に廃刊となっている月刊誌『天文と気象』に連載された記事を収録した本で，一つ一つのテーマが読みきりになっているところは，本書をレイアウトする際にも参考にした．

広瀬秀雄・関勉『彗星とその観測』
（天体観測シリーズ6）　恒星社厚生閣，1968年

　彗星発見に対する意気込みや葛藤が克明に語られており，新天体発見を目指す人にとってはバイブルのような本．科学的な内容も充実している．

広瀬秀雄・古川麒一郎・香西洋樹『彗星を追う』
（目で見る天文ブックス）　地人書館，1971年

　彗星科学の専門書であるのと同時に，平易な文章と丁寧な内容で，彗星への入門書としても優れた本．

冨田弘一郎『彗星の話』
（岩波新書），1977年

　彗星科学全般が新書サイズにコンパクトにまとめられている．

長谷川一郎『彗星カタログブック』
（アストロ・ライブラリー）　河出書房新社，1982年

　有史以来，1980年までに近日点通過が確認された彗星の軌道について，基本データと統計がまとめられている．

薮下信編『彗星と星間物質』
（現代の数理科学シリーズ3）　地人書館，1982年

　40年以上前の出版だが，彗星の物理や化学と太陽系誕生時に星間物質が果たした役割が述べられている．

斎藤馨児『彗星：その実像を探る 太陽系の始原を解くカギ』（ブルーバックス）　講談社，1983年

　彗星科学全般が新書サイズにコンパクトにまとめられ，縦書きの本だが数式や化学記号等は横倒しで表記し，図版も豊富で解りやすい．

薮下信『彗星の本』
地人書館，1984年

　研究史が詳しく述べられ，彗星の性質や起源の問題にとどまらず，生命との関係などにも触れられている．

斎藤尚生『オーロラ・彗星・磁気嵐』
（モダン・スペース・アストロノミーシリーズ）
共立出版，1988年

　太陽磁場と太陽風が引き起こす現象を電磁気学から述べた専門書だが，豊富な図版と丁寧な説明で解りやすく，彗星のプラズマテイルについても，たいへん詳しく述べられている．

桜井邦朋・清水幹夫編『彗星：その本性と起源』
朝倉書店，1989年

　日本の2機の探査機によるハレー彗星探査後に，そ

の計画に深く関わった著者たちが成果をまとめて紹介した本．

渡部潤一『ヘール・ボップ彗星がやってくる：C/1995 O1』
誠文堂新光社，1997年

　大彗星となったヘール・ボップ彗星 C/1995 O1（Hale-Bopp）を迎えるにあたり，彗星科学の観点からの期待が解りやすく紹介されている．

2　日本語で読める市販されていない冊子

『彗星夏の学校集録』
　彗星夏の学校は有志が年一回の持ち回りで開催していた勉強会（現在は休止中）で，研究発表や論文輪講が毎年の集録にまとめられている．

彗星夏の学校編
『ヘール・ボップ彗星ハンドブック』　1996年
　20世紀の大彗星ヘール・ボップ彗星の接近を前に，さまざまな観測テーマや観測方法について，彗星夏の学校の有志がまとめて出版した．

高校生天体観測ネットワーク編
『彗星観測ハンドブック 2004』　2004年
　高校生天体観測ネットワークが2004年度のテーマとした彗星観測について，さまざまなテーマや観測方法をまとめたもの．Web版がある．
https://pholus.mtk.nao.ac.jp/COMET/comet_handbook_2004/

3　英語の書籍

L. Wilkening ed., *COMETS* (The University of Arizona Space Science Series), 1982
M. Festou, U. Keller, H. Weaver Jr., eds., *COMETS II* (The University of Arizona Space Science Series), 2004
　世界各国の第一線の研究者が執筆分担した彗星に関する知見の集大成．アリゾナ大学の許可を得て翻訳の済んだ分が彗星夏の学校の集録に掲載されている．2023年に"*COMETS III*"が出版される予定だったが2024年末に延期された．

Krishna Swamy, *Physics of Comets* (World Scientific Series in Astronomy and Astrophysics), 1986
　彗星物理全般を詳しく説明した教科書的な専門書で，その進展に合わせて1998年、2010年に改訂版が出版されている．

Walter F. Huebner ed., *Physics and Chemistry of Comets*, Springer-Verlag, 1990
　11人の寄稿者による彗星の物理と化学の解説書．

Donald K. Yeomans, *Comets : A Chronological History of Observation, Science, Myth, and Folklore* (Wiley Science Editions), 1991
　科学的な視点だけでなく，彗星と人類の歴史的な関わりが，豊富な図版で示されている．

ADS（The SAO/NASA Astrophysics Data System）
https://ads.harvard.edu/
　彗星のみならず天文学全般に関する論文等の総合的な検索サイト．さまざまな学術雑誌や電子速報などに掲載された内容が，キーワードや天体名，著者名，雑誌名などの方法で検索できる．全文公開の論文であればPDF等の電子ファイルで印刷物と同じ完全版を入手可能．

4　科学館，公開天文台と彗星会議

　日本各地に科学館や公開天文台など，宇宙に親しむことのできる施設がある．そうした施設ではさまざまな資料が公開されている．施設を紹介する一覧はインターネットの「PAO Navi（全国プラネタリウム＆公開天文台情報）」（https://paonavi.com/）などが参考になる．そうした施設等を会場に，運営委員会と現地の実行委員会によって，1971年以降，年一回，梅雨期の満月前後の日程で「彗星会議」が開催されている．検索して参加してみよう．

5 その他の主な参考文献

石黒正晃「彗星状に見える小惑星たち」, 天文月報 第 105 巻 第 12 号, pp.750-755, 2012

市川隆「標準測光システム」, 天文月報 第 90 巻 第 1 号, pp.23-28, 1997

小林憲正「アミノ酸の前生物的合成と触媒機能の起源」, Biological Sciences in Space 20-1, pp.3-9, 2006

小林正規, クリューガーハラルド「67P/ チュリュモフ・ゲラシメンコ彗星での 2 年間：彗星探査機ロゼッタ」,
　日本惑星科学会誌 30-4, pp.158-168, 2021

作花一志「歴史の中の彗星」, 天文教育 17-2, pp.32-35, 2005

佐藤幹哉「「ほうおう座流星群」に対する川崎市青少年科学館の取り組み」, 川崎市青少年科学館紀要 (26), pp.23-26, 2016

菅原春菜「彗星の有機分子とその物質進化への役割」, 地球化学 50, pp.77–96, 2016

高橋典嗣, 吉川真「チェリャビンスク隕石の現地調査報告」, 日本惑星科学会誌 22-4, pp.228-233, 2013

中村彰正「周期彗星の光度曲線と非重力効果パラメータの関係について」, 彗星夏の学校 1989 集録, pp.1-5, 1989

向井正,「惑星間塵の研究の現状と課題」, Earozoru Kenkyu, 22（2）, pp.119-124 (37-42), 2007

圦本尚義ほか「はやぶさ 2 試料の化学的初期分析からわかってきたこと」, 日本惑星科学会誌 31-4, pp.286-296, 2022

吉川真「彗星の軌道運動」, 日本惑星科学会誌 2-4, pp.164-172, 1993

渡部潤一「ハレー彗星」, 天文月報 第 86 巻 第 3 号, pp.132-133, 1993

Betzler,A. *et al.*, The activity of 119 comets, *MNRAS* 526, pp.246–262, 2023

Birkett,C., The application of Finson-Probstein dynamical theory to the dust tail of P/Halley, *MNRAS* 235, pp.497-521, 1988

Bodewits,D. *et al.*, The carbon monoxide-rich interstellar comet 2I/Borisov, *Nature* Astronomy 4, pp.867-871, 2020

Carrasco,J. *et al.*, Photometric Catalogue for Space and Ground Night-Time Remote-Sensing Calibration: RGB Synthetic
　Photometry from Gaia DR3 Spectrophotometry, *Remote Sensing* 15-7, id.1767, 2023

Donn,B. *et al.*, "Atlas of cometary forms - Structures near the nucleus", NASA-SP-198, 1969

Feldman,P., Ultraviolet observations of comet Hale-Bopp, *Earth, Moon, and Planets* 79-1/3, pp.145-160, 1997

Finson,M., Probstein,R., A theory of dust comets.II.Results for Comet Arend-Roland, *ApJ*.154, pp.353-380, 1968

Fulle,M. *et al.*, Discovery of the Atomic Iron Tail of Comet McNaught Using the Heliospheric Imager on STEREO, *ApJ*.661-1,
　pp.L93-L96, 2007

Hölscher,A., Formation of C3 and C2 in Cometary Comae, PhD Thesis, Technische Universität Berlin, 2015

Jewitt,D., Seligman, D., The Interstellar Interlopers, *Annual Review of Astronomy and Astrophysics* 61, pp.197-236, 2023

Levison,H., Comet Taxonomy, *Astronomical Society of the Pacific* Conf. Proc.107, pp.173-191, 1996

McNaught,R., Asher,D., Leonid Dust Trails and Meteor Storms1999, J*ournal of the International Meteor Organization* 27-2,
　pp.85-102, 1999

Meech,K. *et al.*, A brief visit from a red and extremely elongated interstellar asteroid, *Nature* 552, pp.378–381, 2017

Oort,J., The structure of the cloud of comets surrounding the Solar System and a hypothesis concerning its origin, *Bull.
　of the Astron. Inst. of the Netherlands* 11, pp.91-110, 1950

Pasachoff,J. *et al.*, The Earliest Comet Photographs: Usherwood, Bond, and Donati 1858, *Journal for the History of
　Astronomy*, pp.129-145, 1996

Price,O. *et al.*, Fine-scale structure in cometary dust tails II, *Icarus* 389, 115218, 2023

Sekanina,Z., Anisotropic emission from comets: Fans versus jets. 1: Concept and modeling, In ESA, *Proceedings of the
　International Symposium on the Diversity and Similarity of Comets*, pp.315-322, 1987

Shi,X. *et al.*, Coma morphology of comet 67P controlled by insolation over irregular nucleus, *Nature Astron*.2,
　pp.562–567, 2018

Sierks,H. *et al.*, On the nucleus structure and activity of comet 67P/Churyumov-Gerasimenko,
　Science 347-6220, aa1044, 2015

Whipple,F., A comet model.I.The acceleration of Comet Encke, *Astrophysical Journal* 111, pp.375-394, 1950

初版へのあとがき

　今年2013年は，春のパンスターズ彗星，秋から冬のアイソン彗星と，2つの彗星で天文界が盛り上がっている．その機会を捉えて，彗星の楽しみ方や観測法を紹介する本書を刊行できたことは，3人の共同執筆者にとっても大いなる喜びである．願わくば本書が，読者の皆さんの彗星に親しむきっかけや，観測に取り組む際の一助となれば幸いである．

　3人は各々学校教育や生涯学習施設の現場で科学の普及活動に携わりながら，彗星の魅力に憑りつかれた古い仲間である．彗星をきっかけにさまざまな研究会等を通じて多くの天文仲間たちと交流を深めてきた．幾多の天文書籍の出版実績を持つ恒星社厚生閣から企画をいただき，直ちに執筆に取り掛かれたのは，こうした天文仲間たちとの交流によるところが大きい．

　また過去に恒星社厚生閣から出版された広瀬秀雄・関勉著『彗星とその観測』(1968年)や，中村士・山本哲生著『アストラルシリーズ4・彗星—彗星科学の最前線—』(1984年)，長谷川一郎著『ハレー彗星物語』(1984年)といった名著に啓発された想いも共有しており，本書が前掲の名著の系譜に連なれるか自信はないが，常に深化している彗星科学の，少なくとも新たに付け加えられた知見や観測技術を紹介することは，心掛けたつもりでいる．

　各章の各項目は，単独で読んでいただいても，また全体を通して読んでいただいても，中学生や高校生の皆さが少し背伸びするつもりで理解していただける内容を目指したので，そうした若い読者の皆さんに読み込んでいただけたのならば，本当に嬉しく思う．

　もはや驚くべきことでもないが，本書は，その企画・執筆・編集の全過程が，電子メールと電子ファイルのやりとりだけで進められた．3人の共同執筆者と編集者が一堂に会することは一度もなく，執筆者の一部と編集者はお互いの顔さえ知らない．それでも本書が無事出版の運びとなったのは，個性的な3人のメールの議論に根気強く付き合って頂いた，恒星社厚生閣の高田由紀子さんのおかげである．

2013年8月

改訂版へのあとがき

　「市民科学」という言葉が流行っているという．最先端の観測機器によるアーカイブデータを，多くの人の手で解析することによって，新たな発見があったり次の研究へのヒントが生まれたりするそうだ．天文学の世界では，そのための専用ソフトやWebサイトもできている．一方で，技術革新が一層進み，アマチュア向けの観測機器も様変わりした．高感度のCMOSカメラや自動導入望遠鏡で画像を取得し，クラウドで整約するなど，ネットワーク上で機能することが当たり前になってきた．彗星科学の進歩も著しく，ロゼッタの探査も，星間彗星の発見も，初版以降のできごとだ．

　こうした現状を踏まえ，改訂版とは言いながら，軽微な改訂では済まず，全面的な書き直しが必要になった．したがって，初版も読んでいただくと，11年間の変化がわかると思う．本当に大変な作業だったが，それでも，なんとか出版に漕ぎ着けられたのは，初版以来の編集者，恒星社厚生閣の高田由紀子さんのお世話によるところが大きい．

　皆さんが彗星と親しむ際に，執筆者と編集者が夢中で取り組んだ本書を身近に置いていただけたなら，これほど嬉しいことはない．

2024年8月

鈴木文二　秋澤宏樹　菅原　賢

索引

事項索引

【アルファベット】

ADES フォーマット ················ 105，106
Airmass ······························· 113
ASCOM ······························· 78
C_2（炭素二量体）······ 7，25，31，108，121
C_3（炭素三量体）···················· 31
CCD ··································· 76
CH_3OH（メタノール）··············· 14，33
CH_4（メタン）····················· 14，33
CHON ································· 54
CMOS ···················· 59，73，74，76
CN（シアノラジカル）······· 7，14，31，108，121
CO（一酸化炭素）·········· 7，14，24，33
CO^+（一酸化炭素イオン）············· 7，27
CO_2（二酸化炭素）········· 7，14，24，33，108
D/H 比 ······························· 54
DE（disconnection event）········ 143，145
Epoch（エポック）···················· 22
Fe（鉄）····················· 35，52，141
FITS（形式）······················ 64，69
gain ·································· 73
GIF（形式）··························· 68
H_2CO（ホルムアルデヒド）············· 14，33
H_2O（水）············· 7，14，24，30，33，108
H_2O^+（水イオン）···················· 7，27
ICQ ·································· 114
Ir（イリジウム）······················ 55
ISO（感度）··················· 69，72，74
JPEG（形式）························· 68
MPC（小惑星センター）··············· 105
Na（ナトリウム）··············· 52，140，141
NH_2（アミノラジカル）················· 31
NH_3（アンモニア）·············· 14，31，33
OH（ヒドロキシルラジカル）············· 14，31
PNG（形式）························· 68
RAW（形式）······················· 69，72
RGB ···················· 73，77，112，119
slant ·································· 84
smile ·································· 84
TIFF（形式）························· 68
tilt ··································· 84
WCS（World Coordinate System）······· 9，71

【ア行】

アーク ································ 107
アウトバースト ········· 24，26，128，130
アミノ酸 ························ 44，52
アモルファス（非晶質）················ 24
アラニン（アミノ酸）·················· 53
アルベド（反射能）······· 14，34，117，131

アンチテイル ················· 27，137
イオン ···························· 7，27
イオンテイル →プラズマテイル
位相角 ······························ 13
位置角 ························ 88，130
一次元化 ··························· 84
一次処理 ······················ 92，95
位置推算（表）················· 9，22，96
色指数（$B-V$）················ 11，132
隕石 ·············· 5，29，34，35，54
運動方程式 ························ 139
エッジワース・カイパーベルト····· 6，23，34
遠日点（距離）·············· 6，20，23
エンベロープ ··················· 26，27
扇形コマ（ファンシェープト・コマ）····· 26
オールトの雲 ···················· 6，18

【カ行】

海王星以遠天体（TNO）············· 36
開口測光 ························· 112
核 ······························ 7，24
　　──の分裂 ··················· 132
可視光線 ··························· 10
ガス ·················· 7，30，120，121
風の息モデル ···················· 145
活動小惑星（メインベルト彗星）········· 37
活動領域 ················ 24，126，127
干渉フィルタ ·················· 77，119
乾板常数（定数）·················· 102
かんらん石 ············· 13，32，34
幾何学補正 ··················· 83，84
幾何光学的散乱 ··················· 12
輝石 ························· 32，35
輝線（スペクトル）·············· 11，59
軌道 ·························· 5，102
　　──改良 ··················· 102
　　──傾斜角 ···················· 21
　　──決定 ···················· 102
　　──長半径 ···················· 20
　　──平面 ················· 21，102
　　──要素 ············· 21，102，107
　　楕円── ···················· 5，20
輝度プロファイル·············· 84，105
逆行彗星 ·························· 22
吸収線（スペクトル）··············· 11
共鳴散乱 ·············· 11，108，121
キンク（kink）···················· 143
近日点 ······················ 20，21
　　──引数 ···················· 21
　　──距離 ··················· 20，21
　　──通過時刻 ················· 21
空間軸 ··························· 83
空間分解能 ······················ 80
空間密度 ··················· 122，123

空隙率･････････････････････････ 13, 24	──散乱･･･････････････････････ 23
屈折率･･････････････････････････ 80	順行彗星･･･････････････････････ 22
グリシン（アミノ酸）･････････ 44, 54	春分点･････････････････････････ 8, 21
クリスタル（結晶質）･････････････ 24	昇交点･････････････････････････ 21
グリズム･･･････････････････････ 80	蒸発平衡･･････････････････ 108, 120
グレーティング（回折格子）････････ 80	小惑星･･･････････････ 5, 19, 34-37
クロイツ群･･･････････････････ 23, 133	シリケート・フィーチャー･････････ 14
経緯台（式）････････････････････ 61	磁力線･･･････････････ 27, 142, 145
蛍光効率･･･････････････････････ 122	真近点角･･･････････････････････ 143
ケイ酸塩（鉱物）･････････ 24, 30, 32	シンクロニックバンド･･････････ 28, 136
ケプラーの法則･････････････ 16, 20	シンクロン（曲線）･･････ 28, 135, 136, 138
原始太陽系円盤（星雲）･･･････ 4, 30	シンダイン（曲線）･･････ 28, 135, 136, 138
原初彗星核　→コメッテシマル	シンチレーション･･･････････････ 91
ケンタウルス族･････････････ 33, 36	水銀輝線･･････････････････････ 84
光階法･････････････････････････ 111	彗星磁気圏･････････････････････ 142
後期重爆撃期･･････････････ 23, 54	水素コロナ････････････････････ 25
降交点･････････････････････････ 21	スケール長･･････････････････ 25, 122
光電測光･･･････････････････････ 110	スターダスト････････････････････ 43
黄道･･･････････････････････････ 8	スタック･･･････････････････ 79, 104
──座標･･･････････････････････ 9	ストリーエ･･････････････････ 28, 136
──彗星･･････････････････････ 22	ストリーマ････････････････････ 28
──面･･････････････････････ 6, 21	スノーライン･･･････････････････ 4, 33
光度曲線･･･････････････････････ 115	スパイラルジェット･･････････ 26, 100
光度式･･･････････････････ 109, 115	スペクトル型･････････････････ 11
後方散乱･･･････････････････････ 13	スリット････････････････････ 82, 83
枯渇彗星･･････････････････ 36, 50	スワンバンド････････････････ 31
コマ･･･････････ 7, 25, 30, 118-123	星間ガス･･･････････････････････ 3
コメッテシマル（原初彗星核）･････ 45, 47	星間塵　→ダスト
コリメータ･･････････････････････ 82	星間彗星･･････････････････ 56, 133
コンタクト・バイナリ（二重結合天体）･･･ 47	星間物質･･･････････････････････ 3
コントア･･････････････････ 119, 129	星図･･･････････････････ 9, 58, 62
コンドライト･･････････････････ 34, 35	精測（アストロメトリ）･･･････ 102, 103
コンポジット･･･････････････････ 104	──観測･･････････････････････ 103
	星表（カタログ）･･････････････････ 9
【サ行】	赤緯･･････････････････････ 8, 102
歳差（運動）････････････････････ 9	赤外線･･････････････ 10, 14, 30
最小二乗法･････････････････････ 115	赤経･･････････････････････ 8, 102
最小偏角･･･････････････････････ 81	赤道儀（式）････････････････ 61, 73
撮像素子･･･････････････ 80, 102, 112	赤道座標･･･････････････････ 8, 9
サングレイザー･････････････････ 23	セクター境界面･･････････････････ 145
散乱角･････････････････････････ 12	接触軌道要素･････････････････ 22
散乱面（平面）･････････････ 12, 86	摂動･････････････････ 16, 22, 39
視位置･････････････････････････ 9	全光度･･･････････････････････ 108
ジェット･･･････ 24, 43, 100, 126	前方散乱･･････････････････････ 13
磁気再結合･･････････････････････ 145	双曲線軌道････････････････････ 20
磁気中性面･･････････････････････ 145	掃天（サーベイ）･････････････ 17, 19
視直径･････････････････････････ 118	測光観測･･････････････････････ 112
自転軸･･･････････････ 8, 107, 128	
自転周期･･･････････････････ 8, 128	**【タ行】**
シドウィックの方法･･･････････････ 111	大気吸収･･････････････････････ 113
射出瞳径･･･････････････････････ 61	大気減光･･･････････････････････ 84
写真測光･･･････････････････････ 110	大気量･･･････････････････ 91, 113
終端速度･･･････････････････････ 123	対日照･････････････････････････ 29
重力･･･････････････････････････ 134	対物分光器････････････････････ 80

太陽系外縁天体……………………………… 5，36
太陽風……………………………… 5，27，142
太陽類似星……………………………………… 11
楕円軌道……………………………………… 5，20
ダスト…………………… 3，12，29，32，123，134
　　　——クラウド………………………………… 37
　　　——テイル……………………… 7，27，28，134
　　　——トレイル………………………… 26，39，40
　　　——マントル……………………………… 24，131
ダモクレス族…………………………………… 36
短周期彗星………………………………… 6，22
地球接近（近傍）小惑星（NEA, NEO）…… 34
地心距離………………………………… 47，144
地心赤道座標………………………………… 143
地平高度…………………………………… 83，84
地平座標……………………………………… 8，9
中央集光（DC）……………………… 37，119
中性原子……………………………………… 27
長周期彗星………………………………… 6，22
ディープ・インパクト………………………… 44
ディープ・スペース 1………………………… 43
ディスティニープラス………………………… 50
ティスランの判定式…………………………… 23
天球…………………………………… 8，102
　　　——座標………………………………… 102
天頂距離………………………………………… 8
天の赤道……………………………………… 8
天の南極……………………………………… 8
天の北極……………………………………… 8
等級……………………………………… 10，60
動径…………………………………………… 20
等方的彗星…………………………………… 22
トロヤ群……………………………………… 34

【ナ行】
ナトリウムテイル…………………………27，140
日心距離………………………………… 21，25
日心赤道座標………………………………… 143
ネオンランプ………………………………… 82
ネックラインストラクチャー……………… 137
ノット（knot）…………………………… 143，144

【ハ行】
背景光………………………………………… 84
薄明………………………………………… 58，93
ハザーモデル………………………………… 123
波長較正……………………………………… 83
波長分解能…………………………………… 80
ハレー型彗星………………………………… 22
ハロゲン球…………………………………… 83
万有引力………………………… 16，21，134
比較星…………………………… 10，103，111
光解離……………………………………30，122
光電離……………………………………25，122

非重力効果…………………… 18，22，107
ピット（陥没孔）…………………………… 49
標準星……………………………………83，146
　　　分光——……………………………83，146
　　　偏光——……………………………88，146
標準測光システム…………………………… 77
比例法………………………………………… 111
微惑星…………………………… 4，23，30
ファンシェープト・コマ　→扇形コマ
フィラエ………………………………… 46-48
プラズマテイル………………… 5，7，142-145
プラネタリー・ディフェンス………………… 55
プリズム……………………………………… 80
フレア…………………………………………… 5
ブレーズ……………………………………… 81
　　　——アングル…………………………… 82
プレートソルビング………………………… 102
フレーム…………………………… 92，93，95
　　　ダーク——…………………… 92，93，95
　　　フラット——………………… 92，93，95
　　　ライト——…………………… 92，93，95
プロファイル………………………………… 118
分光…………………………………………… 10
　　　——観測…………………… 17，30，80
　　　——感度………………………………… 84
　　　——器……………………………… 80-82
分散式………………………………… 80，83
分散軸………………………………………… 83
分散素子……………………………………… 80
分点……………………………………………… 9
分裂………………………… 19，24，38，132
βメテオロイド…………………………………… 29
ペブルパイル………………………………… 25
ペルチエ素子………………………… 76，92
偏光…………………………………………… 13
　　　——素子………………………………… 86
　　　——度………………… 13，87，139
ポインティング・ロバートソン効果………… 29
放射圧…………………………… 7，26，134
放出時刻……………………………………… 134
放出速度……………………………………… 130
ボウショック………………………………… 27
放物線軌道…………………………………… 20
ポグソンの式…………………… 10，60，109
母天体………………………………………… 38
ボブロフニコフの方法………………………… 111

【マ行】
ミー散乱……………………………………12，109
冥王星型天体…………………………………… 5
メインベルト………………………… 34，37
　　　——彗星………………………………… 37
メシエ・カタログ…………………………… 17
モーリスの方法……………………………… 111

木星族……………………………… 22，32

【ヤ行】
汚れた雪玉（説）………………… 18，24

【ラ行】
ラグランジュ点…………………… 34，51
ラジカル……………………………… 7，25
ラブルパイル……………………… 25，35
離心率…………………………………… 20

流星（群）…………………… 5，38-41
レイ（ray）………………………… 143
レイリー散乱………………………… 12
連続スペクトル……………………… 10
ローブ………………………………… 48
ロゼッタ…………………………… 46-49

【ワ行】
惑星間塵（IDP）…………………… 29

彗星名索引

1106年の大彗星 X/1106 C1 …………… 19，23
1811年の大彗星 C/1811 F1……………… 17
1843年の大彗星 C/1843 D1 …………… 27
IRAS・荒貴・オルコック彗星
　C/1983 H1（IRAS-Araki-Alcock）………19，131
ZTF彗星 C/2022 E3（ZTF）
　………… 71，90，119，124，144，145
アイソン彗星 C/2012 S1（ISON）……………… x
アラン・ローラン彗星 C/1956 R1（Arend-Roland）… 18
池谷・関彗星 C/1965 S1（Ikeya-Seki）
　………………………… iv，18，19，23
ウィルソン・ハリントン彗星
　107P/Wilson-Harrington ………………36，131
ヴィルト第2彗星 81P/Wild …………… 44，54
ウェスト彗星 C/1975 V1（West）……… iv，136
エリスト・ピッツァロ彗星 133P/Elst-Pizarro … 37
エンケ彗星 2P/Encke
　［1786 B1，1795 V1，1805 U1，1818 W1］
　…………… 16，18，19，22，41，125，131
オウムアムア 1I/2017（'Oumuamua）……… 19，56
岡林・本田彗星 C/1940 S1（Okabayasi-Honda）… 18
オルバース彗星 13P/Olbers ………………… x
ギャラッド彗星 C/2009 P1（Garradd）……54，118
キルヒ彗星 C/1680 V1（Kirch）…………… 17
キロン 95P/Chiron ………………………33，131
コプフ彗星 22P/Kopff………………40，131
紫金山・アトラス彗星 C/2023 A3（Tsuchinshan-ATLAS）
　………………… x，97，110，116，141
ジャコビニ・ツィナー彗星 21P/Giacobini-Zinner
　……………………………………… v，42
シュバスマン・バハマン第3彗星
　73P/Schwassmann-Wachmann… 27，40，41，132
シューメーカー・レヴィ第3彗星
　129P/Shoemaker-Levy ………………… 40
シューメーカー・レヴィ第9彗星 D/1993 F2
　（Shoemaker-Levy）………… vi，19，29，133
ジョンソン彗星 48P/Johnson ……………… 40
スイフト・タットル彗星 109P/Swift-Tuttle
　…………………………………… 38，41

タイバー彗星 C/1996 Q1（Tabur）……… 122，132
タットル彗星　8P/Tuttle ………………… 41
チュリュモフ・ゲラシメンコ彗星
　67P/Churyumov-Gerasimenko… 45，46，54，125
テンペル・タットル彗星 55P/Tempel-Tuttle
　……………………………………… 39，41
テンペル第1彗星 9P/Tempel ……… 44，125，131
テンペル第2彗星 10P/Tempel……………40，109
ドナーティ彗星 C/1858 L1（Donati）……… 17
長田彗星 C/1931 O1（Nagata）……………… 18
西村彗星 C/2023 P1（Nishimura）………… 18，58
ネウィミン第1彗星 28P/Neujmin ……… 128，131
ハートレー・IRAS彗星 161P/Hartley-IRAS …… 19
ハートレー第2彗星 103P/Hartley ………… 45，54
ハレー彗星　Halley's Comet，1P/Halley
　…… iii，16，17，19，20，22，24，31，41，42，54，131
パンスターズ彗星 C/2011 L4（PANSTARRS）
　…………………………… 81，136，141
ビーラ彗星 3D/Biela ……………………… 38
百武彗星 C/1996 B2（Hyakutake）
　……………………… vi，27，31，54，110
ブルーイントン彗星 154P/Brewington ………… 125
ヘール・ボップ彗星 C/1995 O1（Hale-Bopp）
　… v，25，32，54，108，110，127，131，136，140，141
ホームズ彗星 17P/Holmes… viii，25，26，64，127
ボリソフ彗星 2I/2019（Borisov）…… 19，56，133
ボレリー彗星 19P/Borrelly ………………43，131
ポンス・ブルックス彗星 12P/Pons-Brooks ……… ix
マクノート彗星 C/2006 P1（McNaught）……………
　……… vii，28，58，110，116，136，137，141
ラヴジョイ彗星 C/2011 W3（Lovejoy）…… viii，23
ラヴジョイ彗星 C/2013 R1（Lovejoy）……88，139
ラヴジョイ彗星 C/2014 Q2（Lovejoy）…… 83，85
リード彗星 P/2005 U1（Read）……………… 37
リニア彗星 P/2010 A2（LINEAR）………… 37
リラー彗星 C/1988 A1（Liller）………… 132
ルーリン彗星 C/2007 N3（Lulin）………… 137
レクセル彗星 D/1770 L1（Lexell）………… 133
レナード彗星 C/2021 A1（Leonard）………… 125

著者紹介

鈴木 文二（すずき ぶんじ）
高校で地学の授業を担当，天文関係の部活動の顧問でもある．NHK高校講座地学講師，中高の理科教科書の執筆など，幅広く天文教育に携わってきた．主な著書に『あなたもできるデジカメ天文学』（恒星社厚生閣），『新・天文学入門』（岩波ジュニア新書）などがある．数年前に私設天文台をつくり，口径405mm望遠鏡で彗星の物理観測を楽しんでいる．はじめて見た彗星は，ベネット彗星 C/1969 Y1（Bennett）．現在の勤務先は，渋谷教育学園幕張中学高等学校．

秋澤 宏樹（あきさわ ひろき）
最初に見た彗星は1981年正月過ぎに北上してきたブラッドフィールド彗星 C/1980 Y1（Bradfield）．双眼鏡で偶然に見つけて虜になり今日に至る．健康寿命を考えて定年で科学館を退職し，勉学の隠居生活を愉しむ．

菅原 賢（すがわら けん）
小学校の夏休みに，初めて見た小林・バーガー・ミロン彗星 C/1975 N1（Kobayashi-Berger-Milon）の美しさと，コメットハンターの活躍に感銘を受け，彗星捜索を開始．発見の夢は果たせぬまま，変幻自在な彗星の振る舞いに興味をもつ．神奈川工科大学厚木市子ども科学館でプラネタリウムや実験教室などを通した科学の普及に取り組む．（http://dustycomet.stars.ne.jp/）

彗星の科学　改訂版
知る・撮る・探る

鈴木文二・秋澤宏樹・菅原　賢 著

2024年10月10日	初版1刷発行
発行者	片岡 一成
発行所	株式会社恒星社厚生閣
	〒160-0008 東京都新宿区四谷三栄町3番14号
	TEL：03（3359）7371
	FAX：03（3359）7375
	http://www.kouseisha.com/
印刷・製本	株式会社シナノ

ISBN 978-4-7699-1713-7　C0044
©Bunji Suzuki, Hiroki Akisawa and Ken Sugawara, 2024
（定価はカバーに表示）

JCOPY ＜出版者著作権管理機構 委託出版物＞
本書の無断複製は著作権法上での例外を除き禁じられています．複製される場合は，そのつど事前に，出版者著作権管理機構（電話 03-5244-5088，FAX 03-5244-5089，e-mail: info@jcopy.or.jp）の許諾を得てください．